GUIA COMPLETO
DE AROMATERAPIA

Cura e transformação através das essências e dos óleos aromáticos

Erich Keller

GUIA COMPLETO DE AROMATERAPIA

Cura e transformação através das essências e dos óleos aromáticos

Tradução
ILZA VILMA KNAPP

EDITORA PENSAMENTO
São Paulo

Título do original:
Das Handbuch der ätherischen Öle
Helfen, Heilen, Pflegen

Edição	O primeiro número à esquerda indica a edição, ou reedição, desta obra. A primeira dezena à direita indica o ano em que esta edição, ou reedição foi publicada.	Ano
4-5-6-7-8-9-10-11-12		05-06-07-08-09-10-11

Direitos de tradução para a língua portuguesa
adquiridos com exclusividade pela
EDITORA PENSAMENTO-CULTRIX LTDA.
Rua Dr. Mário Vicente, 368 – 04270-000 – São Paulo, SP
Fone: 6166-9000 – Fax: 6166-9008
E-mail: pensamento@cultrix.com.br
http://www.pensamento-cultrix.com.br
que se reserva a propriedade literária desta tradução.

Impresso em nossas oficinas gráficas.

Métodos antigos de cura e o trato respeitoso que se dá à natureza, da qual também somos parte, voltam a ser novamente o centro das nossas atenções. Assim, voltamos a procurar os meios naturais, que também nos permitem dar a atenção que o nosso corpo, o nosso espírito e a nossa alma precisam e merecem. Em decorrência dessa procura consciencosa, a aplicação de óleos aromáticos mereceu também crescente atenção dos pesquisadores. Cada vez mais, pessoas usam suas suaves energias aromatizantes, que, além de tratar e curar, também podem ser estimulantes.

Este manual lhe fornecerá uma introdução objetiva de como são obtidas as essências, suas propriedades e manipulação. Descreve precisamente seus métodos e possibilidades de aplicação, seja com o objetivo de curar doenças específicas, seja para envolver agradavelmente o corpo numa onda perfumada ou para estimular nossa espiritualidade. Em ordem alfabética, são apresentados os 77 óleos mais importantes e conhecidos relativamente às suas peculiaridades e, especialmente, suas aplicações.

O livro apresenta, em ordem alfabética, tanto os óleos e suas aplicações quanto os diferentes sintomas de doenças, colocando nas mãos do principiante um importantíssimo instrumento que ensina que os óleos aromáticos ajudam no tratamento e na cura de todos os males.

O Autor

Erich Keller, nascido em 1949, primeiro estudou Administração Empresarial, trabalhando em indústrias e no seu gerenciamento. Posteriormente, estudou desenho gráfico. Sua intensa atividade no campo da arte e da pintura desenvolveu nele certa sensibilidade e nova conscientização da vida. Depois, passou a viver em comunidades espirituais na Alemanha e na América, formando-se em shiatsu, polaridade e em reflexologia e, nos últimos anos, passou a se dedicar também à aromaterapia e aos cosméticos naturais.

Sumário

Síntese dos óleos aromáticos 121

Prefácio

Muito bem-vindo ao mundo dos aromas. Muita gente não percebe, mas os aromas estão presentes em todos os lugares. O sentido do olfato na sua vida é um verdadeiro piloto, que executa sutilmente o seu trabalho, e o faz muito bem!

Você vai encontrar, meu querido leitor ou leitora, assim o espero (através deste livro), uma nova concepção para o seu sentido do olfato perceber o efeito dos perfumes e aprender brincando a usar conscientemente a faculdade de cheirar. Contudo, primeiro terá de familiarizar-se com os efeitos e aplicações dos aromas das plantas para a cura e o tratamento do corpo e da alma.

Você deve estar se perguntando: Como é que se pode captar um cheiro, como é que se pode materializá-lo? O perfume exalado pelo mundo das plantas é o dos chamados óleos aromáticos, os quais podem ser extraídos de diferentes maneiras e métodos de cada uma das plantas.

Já na mais remota história da civilização, os povos utilizavam ervas, raízes, flores, resinas e outras partes das plantas para a cura de doenças e a cicatrização de ferimentos.

Através de milhares de anos, esses métodos tão antigos de cura foram aperfeiçoados e aprimorados e, junto com eles, os métodos de obtenção das essências.

Hoje dispomos de processos de destilação que nos fornecem a força vital das substâncias curativas obtidas de uma grande variedade de plantas: o extrato, a essência ou óleos aromáticos, como são chamados, são acondicionados e guardados em pequenos frascos.

Desde o princípio da nossa existência, e muito tempo antes de começarmos a pensar em estudar, o nosso sentido do olfato era muito mais apurado e a perpetuação da espécie humana, naquele tempo, dependia de um sistema de sensações altamente desenvolvido. Portanto, as agradáveis fragrâncias nos acompanham há milênios.

Quem leu o romance *O Perfume*, de Süsskind, percebeu o significativo perfil do poder dos aromas. Nesse livro, mesmo que vistas de perspectivas bem diferentes, você também notará coisas muito interessantes a respeito do sentido do olfato, sobre o que ele pode fazer com você e, possivelmente, você com ele se souber usá-lo com sabedoria.

Vivemos numa época em que o nosso conhecimento é constantemente alterado por rápidas e sucessivas mudanças no meio ambiente e pela nossa necessidade de sobrevivência. Devido a isso, cada vez mais os velhos e esquecidos métodos de cura, os ensinamentos sobre nutrição e o respeitoso tratamento dispensado à natureza — da qual somos parte integrante — formam o centro da nossa atenção.

Tentamos devolver ao nosso caráter, ao nosso corpo, ao nosso espírito, à nossa alma e aos nossos sentimentos a atenção de que tanto precisam e que lhes foi subtraída por tanto tempo. Um interesse crescente pela Terapia dos Aromas abrange conseqüentemente as pessoas que tiveram a felicidade de experimentá-la. Sempre mais pessoas vêm utilizando a suave energia perfumada dos óleos aromáticos que curam, tratam e estimulam.

Quanto mais complexo se apresenta este mundo e a nossa vida, tanto mais simples se torna, em compensação, o nosso comportamento. Sabemos há algum tempo como é a superfície da Lua, quais os componentes da flora marinha, quais os costumes das tribos indígenas localizadas às margens do Orenoco, na América do Sul, e conhecemos algo sobre o crescimento das plantas no Himalaia. Nossas possibilidades tecnológicas são quase ilimitadas e, assim mesmo, descobrimos de repente a flor no jardim, as plantas no campo e nas campinas.

Lembramo-nos das velhas artes curativas, daquilo que o mundo das plantas nos oferece em termos de energia de cura. Fazer uso desse processo natural de cura significa estar em sintonia integral com a natureza, devolvendo ao homem, especialmente, a condição de ser "natural".

Os óleos aromáticos agem de modo suave, não só no trato do corpo como também no trato do espírito. Ambos sempre são atingidos em igual proporção. Quanto mais diferentes forem os aromas e seus extraordinários efeitos, mais diversificados serão também os métodos de utilizá-los. Pode-se usá-los mesmo para fins não-terapêuticos.

Somente o trato com as essências, o puro deleite de lidar com elas, já pode proporcionar o maior prazer. E quando você se sentir bem confortável, quando a sua casa e a sua água de banho lhe proporcionarem os aromas mais deliciosos, então você saberá que encontrou algo muito importante que muitas pessoas desconhecem: a alegria!

Você poderá transformar o seu banho diário numa experiência exótica; poderá até fabricar e personalizar o seu perfume, adicionar seus aromas preferidos a seus cosméticos para o corpo, perfumar o ar ambiente e, com determinados óleos, dar à sua alimentação uma nota toda especial.

Para que você possa se tratar, cuidar, ajudar e voltar a sentir grande bem-estar, não são necessários cursos dispendiosos nem certificados de conclusão. Com este livro, você poderá dar os primeiros passos para a automedicação. Porém, os tratamentos para doenças graves você deverá deixar aos cuidados de um médico e de um aromaterapeuta. Quando quiser adquirir óleos, deverá, em primeiro lugar, simplesmente sentir-lhes o cheiro e deixar-se levar pelos sentidos, pela intuição. Se um aroma lhe é agradável, com toda segurança ele é o certo e o melhor para você. Isso é bem diferente da prática de se tomar um comprimido que um amigo ou alguém indicou. VOCÊ é quem escolhe, VOCÊ é quem decide — VOCÊ é quem está fazendo algo pelo bem-estar do seu corpo.

Neste livro, paralelamente à apresentação de todos os mais importantes óleos e seus efeitos, também serão descritos os seus usos, acrescidos de receitas práticas. Evitei usar termos médicos e científicos de difícil compreensão, para que qualquer pessoa possa ser informada e aprenda sobre o manuseio dos óleos aromáticos. Quem sabe este livro estimulará o meu leitor a se observar com mais carinho e a gostar mais de si próprio. Talvez ele desperte e aprofunde o seu interesse para as mil possibilidades da aromaterapia. De qualquer maneira, o trato com os óleos aromáticos irá proporcionar-lhe muita satisfação e revelações nunca imaginadas do mundo dos aromas.

O autor e a editora não assumem qualquer responsabilidade sobre o uso inadequado das receitas indicadas neste livro.

No caso da posologia oral, recomendamos especialmente a consulta a um médico.

Introdução

Histórico

O homem da antiguidade tinha um apurado sentido do olfato, primordial para a sua sobrevivência e a das suas hordas ou tribos. Muito antes de ter a capacidade de pensar, no nosso cérebro já se desenvolvera o assim chamado sistema límbico, onde também se situa o sentido do olfato.

Além das formas e cores, o cheiro das plantas, das frutas, das amoras, dos cogumelos, da água potável e das carnes frescas era um marco de reconhecimento na procura pelo alimento. Também a escolha do parceiro sexual, na hora correta, era definida pelo cheiro.

Em algum momento do tempo, o homem lançou galhos, grama seca e plantas em sua fogueira, percebeu os odores que o envolviam, e sentiu seus efeitos: sonolência, vigilância, lassidão e alegria; na maior parte das vezes, alimentou-se de plantas e de frutos e notou que seu corpo reagia de acordo com o que comia. Observou o comportamento dos animais que se alimentavam somente de determinadas plantas. Assim, perseguindo as causas durante o aprendizado de sua vivência, paulatinamente ele foi desenvolvendo sua inteligência. A história da cura pelas plantas e ervas teve assim início e com ela também a história da aromaterapia — o tratamento humano por meio do odor de certas essências.

A aromaterapia era parte integrante dos mais antigos métodos de cura, muito antes dos ora conhecidos processos de manipulação e de aplicação, desenvolvidos a partir dos óleos aromáticos. No Iraque, ao lado de um esqueleto de 6.000 anos, foram encontradas vasilhas contendo pólen de flores de plantas medicinais nativas, o que leva a crer que o homem era um xamã ou um experiente conhecedor de plantas. Existe ainda hoje uma prescrição de cura, datada dessa época, com mais de 8.000 receitas.

Nos mais antigos pergaminhos dos Rigvedas (cerca de 2000 a.C.), pode-se ler: "Venha, minha querida planta, e cure este doente para mim."

Para os egípcios, a cura pelos aromas e essências era, a seu ver, o método mais eficaz, porque eles acreditavam que os cheiros eram uma especial provisão dos deuses, destinada aos homens. Seus reis faziam uso, naturalmente, dos mais caros perfumes. Eles mandavam encher suas piscinas com água de rosas e, depois da morte, seus corpos eram pincelados com resina de coníferas para que o processo natural de decomposição fosse evitado.

Envoltos em panos fortemente ajustados e amarrados, previamente embebidos em óleo de incenso e de mirra, os reis podiam seguir incólumes para um mundo novo e iniciar uma nova vida. O resultado dessa técnica pôde ser comprovado milhares de anos mais tarde pelas descobertas dos arqueólogos ao serem abertas as suas tumbas. Os corpos dos faraós estavam quase intactos. Na tumba do rei

Amon foram encontrados recipientes com essências aromáticas, e embora remontem ao ano de 1400 a.C. não perderam sua intensidade.

O povo egípcio também usou as essências aromáticas. Os homens usavam uma espécie de desodorante feito com mirra, incenso, rosmaninho e tomilho. Os óleos aromáticos eram misturados com gordura e usados sob a roupa na forma de bolinhas, que iam se derretendo lentamente devido ao calor do corpo. Isto há cerca de 5.000 anos!

É sabido que por volta do ano 2000 a.C. os reis babilônicos usavam no banho essências aromáticas e eram massageados com óleos caríssimos.

Da Grécia antiga, chegou-nos o conhecimento de um processo de destilação de óleos aromáticos lá desenvolvido. A obra *Além dos Perfumes*, de Theofrasto, é o primeiro livro sobre a terapia das essências aromáticas e foram também os antigos gregos que continuaram as pesquisas sobre o assunto.

Cem anos depois de Cristo, já florescia o comércio com as essências perfumadas. Primeiro foram os árabes, que levavam noz-moscada do Tibete, sândalo da Índia e cânfora da China para os países do Ocidente.

Os romanos, que traziam muitas novas especiarias das regiões conquistadas, eram mestres na maravilhosa arte dos banhos e massagens exóticas e alcançavam nisso o maior êxito.

No Oriente próximo, os sufis destinavam determinados perfumes a cada chakra do homem e os utilizavam em práticas espirituais e na meditação. Eles sabiam que os homens tinham vários corpos e tratavam com óleos aromáticos, além do corpo físico, também o astral e o espiritual.

Como aos olhos do observador comum o mundo não termina no ponto infinito do horizonte, as essências perfumadas partiram da Ásia, e tomaram o rumo do Oriente, do sul da Europa e da Europa Central, e seu amplo espectro de cura e tratamento foi largamente difundido. Nas épocas das grandes epidemias, como a peste, os perfumes eram um poderoso auxiliar da profilaxia. Nas ruas e hospitais eram queimadas resinas de pinho, de cedro e de cipreste para — muito acertadamente —, debelar a epidemia.

No século XVI, simultaneamente com outros estudiosos da Europa, o inglês Culpeper dedicou-se ao estudo das plantas, às suas essências e efeitos curativos e estimulantes. Seu trabalho na Europa teve ampla repercussão e muito contribuiu para a disseminação de conhecimentos sobre os óleos aromáticos.

No nosso século, foi o químico francês Gattefossé que conseguiu apurar, em suas experiências com perfumes e cosméticos, o poder de cura dos óleos aromáticos. Numa dessas experiências, ele queimou a mão e, instintivamente, colocou-a no recipiente mais próximo, que continha óleo de lavanda. Para sua surpresa, a ferida cicatrizou rapidamente, a área não se infeccionou, tampouco produziu bolhas. Esse evento foi o ponto de partida e o objetivo de novas pesquisas; ele adotou o vocábulo Aromaterapia e divulgou, em 1928, o primeiro livro sobre o assunto.

Inspirado em Gattefossé, o médico francês Jean Valnet principiou a se ocupar largamente com o estudo e os efeitos dos óleos aromáticos extraídos das ervas medicinais. Logo após, ele passou a tratar seus pacientes quase que exclusivamente com ervas e óleos aromáticos e foi o autor do "clássico" para aromaterapeutas, *Manual da Terapia dos Aromas*.

Ao mesmo tempo, a bioquímica francesa Maury passou também a pesquisar sobre as influências medicinais e cosméticas dos óleos aromáticos, e assim fechava-se o círculo dos novos conhecimentos, tendo como base o saber dos antigos sobre as essências aromáticas.

A cidade de Grasse, no sul da França, onde vivia Gattefossé, é hoje considerada algo como o Centro Universal de Tratamentos de Cura por óleos aromáticos, e de outros produtos aromatizantes para a indústria dos perfumes, motivo suficiente para uma compensadora visita para aqueles que se interessam pelos óleos aromáticos e sua origem. Ali todos se encontram — fabricantes, comerciantes e o apreciador —, e lá o ar está pleno de aromas.

Hoje os óleos aromáticos são encontrados em estado puro nas drogarias, ervanarias e perfumarias naturais, e fazem parte integrante das massagens e banhos. Nas grandes capitais existem lojas que dispõem de um enorme sortimento de óleos aromáticos, óleos para massagens e banhos, águas-de-cheiro, lamparinas aromatizadoras e defumadores. Portanto, os produtos naturais lhe são oferecidos nos mais diversificados modos e nas mais variadas formas — com os quais você pode revigorar e curar o seu corpo, retornando a harmonizar corpo e espírito, cujo perfeito funcionamento, muitas vezes, fica comprometido pelas tensões, devido às influências negativas e perturbadoras do nosso moderno sistema de vida.

O cheiro e o sentido do olfato

Deixe-me dizer-lhe quão necessário é o sentido do olfato e como você, muitas vezes sem notar, é influenciado pelos cheiros.

Depois de ter passado algumas horas fazendo compras dentro de lojas com ar viciado e em más condições de iluminação numa grande cidade, você se sente indisposto e com dor de cabeça. Você deixa a cidade e vai passear num bosque de pinheiros. Aos poucos, a dor de cabeça desaparece e você se sente bem novamente. Você aspira profundamente o ar, diferente do que deixou lá na cidade, e se sente reanimado outra vez.

A respiração superficial dá uma sensação de medo e de falta de ar porque muito pouco oxigênio está sendo enviado ao nosso corpo. O cheiro dos pinheirais estimula a respiração e, com a inalação profunda, acionamos um processo de reações em cadeia no nosso organismo. Observe agora mesmo a sua respiração. Suponha que você esteja passeando nessa floresta de pinheiros: um vento fresco sopra, o ar está pleno de odores de ciprestes, pinheiros, flores e grama. Como você está se sentindo?

Quando entramos num quarto de doente, automaticamente prendemos um pouco a respiração e adotamos, muitas vezes sem pensar, uma atitude de defesa. Algumas vezes tendemos a deixar o quarto o mais rápido possível. A emanação provinda de doentes é totalmente diferente daquela própria das pessoas sãs. Sem o "cheiro de doente" nós nos sentiríamos muito mais à vontade num desses quartos. Em vez disso, as emanações liberam certos mecanismos de defesa (nós não queremos nos contaminar), bem como outros medos indefinidos. O cheiro típico dos hospitais se entrelaça com um certo sentimento e, com muita probabilidade, esse sentimento sempre tornará a aparecer toda vez que inalarmos o mesmo ar ou um cheiro parecido. Em outras situações temos a oportunidade de comprovar quanto os cheiros estão estreitamente interligados com os sentidos.

Fiquemos porém com os doentes. É perfeitamente óbvio levar-lhes como presente flores que lhes deverão proporcionar prazer. O prazer é, naturalmente, o principal fator de cura; porém, neste caso, sob esse gesto esconde-se também o fato do saber rudimentar, do pressentimento de que as flores podem curar.

Quando passamos perto de flores e arbustos ou admiramos um buquê de flores, algumas vezes pegamos cuidadosamente uma flor e aspiramos o seu perfume. Assim, estamos testando o cheiro, se ele é condizente conosco ou não. Nesse momento, ocorrem inúmeros processos no nosso cérebro, notadamente no sistema límbico. O cheiro é receptado como informante e comparado com outras conhecidas informações de odores já armazenadas. Se a informação é condizente, ou seja, se reconhecemos esse cheiro, então damos-lhe o nome correspondente.

Muitas vezes, lembramo-nos de situações e de sentimentos passados — tal como o nosso exemplo do quarto do doente —, devido a cheiros ligados a esses acontecimentos.

Os aromas têm, em geral, uma ação estimulante, rápida. Recorde-se, neste momento, como é aspirar o perfume de uma rosa exuberante. Quem é que não conhece a alegria e a satisfação proporcionada pela leveza do ar impregnado de seu perfume, preenchendo os pulmões? Todas as fisionomias se modificam de imediato e a alegria transparece um pouco mais. É como se o coração se dilatasse e se abrisse. Este é um exemplo corriqueiro de como os odores influenciam os nossos sentidos.

Quem não sente a boca cheia d'água ou quem não conhece uma repentina sensação de fome que se instala tão logo passamos defronte de uma padaria que oferece seus pães frescos, ou diante de um balcão de petiscos? Experimente também imaginar o cheiro do prato da sua preferência. Você pode sentir como o apetite e a fome são estimulados? Quando sentimos o cheiro de alimentos e de bebidas, o corpo começa igualmente a se preparar para receber o alimento e para a digestão. Em correspondência aos cheiros assimilados, o suco gástrico e a salivação aumentam. Por outro lado, cada um de nós já vivenciou o que acontece e o que não acontece quando, por exemplo, se está resfriado: não sentimos os cheiros, não temos apetite, e nada está gostoso como antes. Ou seja, o nosso sentido do paladar só consegue distinguir entre o doce, o azedo, o salgado e o amargo. A maior parte do prazer de comer e beber é conseguida através do nariz — pelo olfato! Sem o sentido do olfato, pouca diferença haverá em comer uma maçã ou uma pêra — tudo teria um sabor igual e a consistência parecida.

Todos conhecemos a expressão: "Não suporto o cheiro de fulano", com a qual declaramos que não gostamos de determinada pessoa ou temos alguma dificuldade a seu respeito. Porém, é muito provável que nós, inconscientemente, no mais exato sentido da palavra, não a suportemos devido ao seu cheiro ou odor. Cada pessoa tem o seu odor característico, individual, que se modifica conforme seu estado de saúde ou disposição. Amor, alegria, agressividade, raiva, desgosto, doença, todas essas situações têm sua conotação específica de cheiro. Esses cheiros são emanados individualmente pelas pessoas e receptados por outras a uma distância acessível. Você pode imaginar a disparidade de informações advindas do povo, ou de um aglomerado de pessoas que está ou esteve dentro de uma sala, e de como esses sinais atuariam sobre você?

Em se tratando de perfume, poderemos nos utilizar de uma boa máscara aromática; perfumando-nos com loções frescas, agradáveis e atrativas, poderemos modificar positivamente a nossa presença perante os outros. Em contrapartida, isso pode retornar para nós como "fonte de aromas" e pode alterar consideravelmente a nossa disposição. O cheiro é, portanto, uma das razões pelas quais nos sentimos magneticamente atraídos por outra pessoa. Através da transpiração, como condutora de odores, também são filtrados os odores hormonais que estimulam a nossa sexualidade e, conseqüentemente, também a do parceiro. A sexualidade é uma experiência relacionada com o cheiro detectado pelo olfato e, em grande parte, dele dependem não só os animais como também os homens.

Cheiramos tudo o que nos rodeia: o nosso carro, a nossa casa, a cidade, o campo. Tudo tem seu odor característico e ansiamos por viver agradavelmente. Por exemplo, quando vivemos numa casa cujo cheiro não se coaduna conosco, dificilmente conseguiremos ser felizes ali. É o nosso nariz que faz com que nos sintamos bem, como se estivéssemos em casa, seja numa pequenina cidade alemã ou numa grande metrópole asiática, com seus estranhos e penetrantes cheiros. Ainda assim, nosso sentido do olfato está sujeito a um processo de aceitação e é passível de acomodação.

O cheiro é uma molécula que se desprende do seu portador e que flutua no ar. Na parte superior do nariz, o órgão do olfato, situa-se a membrana olfativa, com cerca de 100 milhões de células olfativas e perto de 600 milhões de filamentos capilares, finos "sensores" que distinguem qualquer odor. Todas as vezes que inspiramos, o ar enriquecido por moléculas odoríferas passa pelos filamentos capilares e nos provê com as mais diversificadas informações odoríferas e também com os mais refinados perfumes; a membrana olfativa faz parte do sistema neurológico central e se situa num ponto de contato direto com o mundo exterior. A percepção dos sentidos atinge o cérebro no já mencionado sistema límbico.

Muito antes de termos começado a pensar, essa parte do nosso corpo já era desenvolvida e, por assim dizer, havia armazenado inúmeras informações odoríferas. O sentido do olfato abastece o pensamento com uma informação e este faz o corpo ter uma reação dos sentidos ou física. É como um interruptor de luz, a energia elétrica (os sentidos) é fornecida pelo olfato e atinge o cérebro. Este liga e distribui a energia para um órgão, que reage (a luz se acende).

O sentido do olfato situa-se também numa parte do cérebro onde igualmente se aloja o tesouro das recordações. Assim, torna-se possível a obtenção de informações cruzadas entre as informações de cheiros atuais e as de odores que reavivam antigas lembranças. Podemos reviver uma disposição de espírito singular, ver paisagens, rostos e situações de velhos tempos. Pensamos, por exemplo, naquela refeição da qual não gostávamos em criança e cujo cheiro até agora, adultos, ainda nos repugna. Ou o cheiro da mãe, ou de um ente querido, do qual jamais nos esqueceremos durante a vida, e que às vezes nos aproxima de outra pessoa, só porque o perfume dela nos faz recordar o perfume de outrora.

Nessa parte do cérebro também se situam a simpatia e a sexualidade. Se reagimos com simpatia ou antipatia, como já foi explicado, é porque estamos estreitamente ligados a outra pessoa, situação ou coisa. (A influência dos aromas dos óleos aromáticos sobre a sexualidade está detalhadamente descrita no capítulo "Essências aromáticas e sexualidade".)

Da área encefálica límbica partem igualmente a criatividade e a vontade de viver, bem como todas as funções vitais do corpo (respiração, digestão, circulação, funcionamento das glândulas hormonais e a imunologia). Um cheiro pode, portanto, atuar também diretamente nessas áreas e diluir as reações correspondentes no corpo e no espírito. Alguns cheiros estimulam a concentração, o raciocínio, a clareza espiritual e a criatividade; são estas as mesmas fragrâncias que, na sua maioria, nos causam prazer, mesmo que não estejamos conscientes disso. Procure os aromas que mais o extasiam e estimulam!

Como já afirmamos reiteradamente, os aromas — os óleos aromáticos — influenciam o corpo e a alma. Por isso mesmo, eles podem ser utilizados como meio de cura psicossomática, na forma de produtos naturais, os quais estão impregnados de energias obtidas das respectivas plantas. Os óleos aromáticos são o sangue e a alma de uma planta, e é isso que os distingue dos produtos farmacêuticos sintéticos, que não possuem essas propriedades vitais. Você poderá saber como esses óleos são obtidos no capítulo seguinte. Naturalmente, não somos só envolvidos por cheiros provenientes da natureza. Muito sutilmente e com maestria, perfumistas especializados puseram mãos à obra e criaram muitos artigos perfumados a fim de nos atrair ao consumo. Alguns alimentos congelados, logo que abrimos a embalagem, atraem-nos com odores intensos. Depois de certo tempo, porém, esse bom aroma se esvai. Assim são enobrecidos muitos dos itens de consumo, pois os técnicos e estrategistas de vendas também conhecem o poder do aroma bom e certo. Antes de fazer a compra, faça sempre o teste do olfato.

Como obter os óleos

Os óleos aromáticos, a saber, as essências, são obtidos por métodos diversificados: de plantas inteiras, de folhas, de flores, de raízes, de resinas, de cascas, dos quais o cheiro é liberado quando os vegetais são cortados.

Maceração

Pela maceração as flores são mergulhadas em óleo quente, até que suas pétalas se rompam e o óleo possa absorver a essência. Depois, o óleo quente e o aromático devem ser separados. Trata-se de um método antigo e caro, que só raramente é empregado.

Prensagem

Os óleos cítricos, tais como os de limão, laranja, *grapefruit*, bergamota e tangerina, são conseguidos da casca de frutas não comercializadas. A essência obtida é pura, de alto valor e indicada para uso oral.

Destilação

Por este método utiliza-se a água fervendo ou por abafamento (também por vapor superaquecido) para, através dela, retirar das células das plantas o respectivo óleo. A água residual ainda continua sendo uma fonte valiosa de produtos para a indústria de cosméticos. A destilação pura, por vapor, é hoje o método usual que possibilita a produção de grande quantidade de óleos aromáticos para fins industriais. Esse tipo de destilação só pode ser adotado com plantas que liberem alto teor de óleo aromático (como a hortelã). As essências obtidas são puras, valorizadas no custo e indicadas para uso oral. A fabricação através de vapor superaquecido é barata e espelha-se no preço baixo oferecido no mercado.

Extração

Este processo é recomendado para plantas com menor percentual de óleos aromáticos (por ex. o jasmim) ou aquelas que retêm resinas, ou também as de óleos delicados, que não suportam sem danos o isolamento necessário. Esses óleos, na maior parte das vezes, têm um cheiro mais suave. O óleo é obtido de maneiras variadas. Flores como o jasmim são mergulhadas em éter de petróleo, hexano, metanol ou etanol. Depois da evaporação dos solventes, restará uma massa pastosa de cera vegetal, clorofila e óleo aromático, chamada de *essence concrète*. Acrescenta-se álcool, a massa é aquecida a 50 graus centígrados para dissolver a cera vegetal e depois resfriada e filtrada. O álcool se evaporará da massa livre de cera. Obtém-se uma substância pastosa e oleosa, chamada *essence absolue* ou *absolutes*. Esses óleos são solúveis em álcool e não devem ser usados via oral.

Esse sistema tem uma alternativa, pela qual se distribuem as flores sobre uma chapa perfurada encerrada em vasilhame hermeticamente fechado, e enxaguada constantemente com a mesma água. Quando todos os óleos forem extraídos das flores, destila-se o produto. Restará também uma massa pastosa, a *essence concrète*. Pelo processo indicado acima, a cera deverá ser dissolvida com álcool e feita a destilação, etc.

Um método novo é a adoção do dióxido de carvão. Ele permite baixas temperaturas (cerca de 30 graus centígrados) para a obtenção das essências até agora impossíveis de obter, como a de violetas.

A *essence concrète* é uma massa muito valorizada, de alto custo, utilizada na fabricação de ótimas pomadas.

Enfleurage

Enfleurage (também chamada *Effleurage*) é o método tradicional para se obter as mais finas fragrâncias. Este método ainda é adotado nos dias de hoje para a obtenção da tuberose.* Apesar disso, desejamos verificar como eram obtidos os óleos absolutos na antiguidade. Sabe-se que sobre placas untadas com gordura ou óleo vegetal eram depositados tecidos, sobre os quais se colocavam as flores durante o tempo necessário para os solventes absorverem as essências florais. Por esse processo, a obtenção da essência de jasmim pode demorar até três semanas, sendo as flores colhidas à noite e renovadas todos os dias. Os óleos obtidos das folhas e hastes fornecem valiosos cremes, pomadas e óleos para a indústria de cosméticos, denominados *huiles françaises*. Destes cremes e pomadas, com a adição de álcool, é liberado o óleo aromático, a *essence absolue*.

---

* Tuberose: fino extrato de delicada planta mexicana. (N.T.)

Hoje, quase todos os óleos absolutos são obtidos por meio de produtos solventes.

Os óleos absolutos são muito concentrados e caros. Entre estes, os mais conhecidos são os de rosa, jasmim, gardênia, flor de laranjeira, jacinto, mimosa e angélica. Quando observamos os métodos de extração, podemos entender o porquê de preços tão elevados, principalmente quando se tem conhecimento das quantidades: uma tonelada de pétalas de rosa para se obter um litro de óleo! Isso representa o preço equivalente a 25 ou 30 marcos alemães para 20 gotas de óleo de rosas, pelo que se recomenda muita economia do óleo ao ser manipulado, ou em sua diluição em óleos provenientes de plantas. Muitos dos óleos absolutos são comercializados já diluídos, o que, no entanto, não altera os seus efeitos básicos.

Características

Os óleos aromáticos são de diferentes consistências: um óleo de rosas, por exemplo, é quase compacto, e o óleo de lavanda tem a mesma consistência da água. Todas as essências aromáticas são altamente concentradas, e as essências absolutas apresentam uma concentração ainda superior às outras. Elas evaporam muito rapidamente quando em contato com o ar. Relativamente rápida ou lenta também será a perda do seu cheiro.

Nem todos os óleos têm o cheiro idêntico ao perfume de sua flor ou planta. Portanto, não se deixe confundir! Da mesma forma, são muito diferentes a sua intensidade odorífica (no capítulo "Intensidades das fragrâncias", você poderá encontrar os valores de diversos óleos), sendo que, naturalmente, os odores mais penetrantes são os provenientes dos óleos absolutos, devido à sua maior concentração.

As essências aromáticas são comumente catalogadas como óleos, porém não são gordurosas (quando puras), e são solúveis em óleo. Elas apresentam diferentes colorações: na maioria das vezes, são claras, amareladas, esverdeadas (rosa, bergamota), azuis (camomila-azul), acastanhadas (jasmim) ou avermelhadas (mirra). Para os conhecedores da força medicinal das cores, apresentamos aqui sugestões para o uso dos óleos aromáticos, de acordo com os sintomas.

Os óleos aromáticos podem manchar os tecidos. Por isso, faça um teste preliminar num retalho do tecido, antes de mergulhar sua roupa ou vestuário no óleo aromático. Este é inflamável quando em contato com o fogo.

Manipulação e acondicionamento

Uma vez que as essências aromáticas são sensíveis aos raios ultravioleta e ao calor, elas devem ser acondicionadas em frascos marrons, hermeticamente fechados e guardados em local fresco. Feche os frascos logo após o uso e jamais troque suas tampas, no caso de estar manipulando diversos óleos simultaneamente.

Com exceção dos óleos cítricos, os outros podem ser guardados durante anos, sem que percam as propriedades terapêuticas. E guarde suas misturas, como dissemos acima, em frascos marrons. Os frascos de plástico não são aconselhados, pois podem provocar reações químicas indesejáveis, que poderão comprometer seus efeitos.

Misturas

Os óleos aromáticos têm um amplo leque de utilidade e podem ser misturados entre si para aprimorar sua qualidade (perfumes, aerossóis), ou para complementar sua eficiência.

A lavanda é um ótimo reforçador de efeitos terapêuticos se adicionada a outros óleos.

Atente para o detalhe de só misturar óleos dotados das mesmas características ou, possivelmente, misturar um óleo de evaporação média a um de evaporação rápida ou lenta. Dessa forma, a essência com propriedades de evaporação lenta impedirá que a de volatilização rápida libere o perfume depressa demais.

Para dirimir eventuais conclusões apressadas: uma mistura, possivelmente feita de muitos óleos, não atua melhor que a porção correta de uma só qualidade de óleo, e óleo aromático em quantidade excessiva não cura melhor do que a quantidade certa, que na maioria das vezes é mínima.

Alguns óleos, no caso de dosagem excessiva, podem provocar efeitos contrários ou efeitos colaterais. Portanto, você deverá observar as quantidades corretas recomendadas no receituário. Além disso, seu nariz é mais delicado do que você pensa. Depois de algum tempo de experiências com óleos aromáticos, você estará com o olfato apurado e saberá reconhecer as mais finas fragrâncias.

Utilização

Com raríssimas exceções, os óleos aromáticos não devem ser usados puros sobre a pele e jamais devem ser ingeridos puros. Tome muito cuidado para que eles não entrem em contato com os olhos, as mucosas ou os órgãos genitais em sua fórmula pura, ou seja, sem estar diluídos. Para diluir os óleos aromáticos e dar-lhes corpo, podem ser-lhes adicionados óleos vegetais, mel, nata ou álcool (para essências absolutas). Depois de usar uma dose de óleo, deve-se engolir um torrão de açúcar ou uma boa quantidade de água misturada com mel, uma vez que o óleo, por si só, não se dilui na água.

Se os óleos aromáticos forem utilizados sem o acompanhamento de um terapeuta especializado em essências, mas de acordo com as receitas, as doses e recomendações deste livro, não haverá ameaça de perigo, tampouco efeitos colaterais indesejáveis. Nos casos seguintes, no entanto, dever-se-á evitar totalmente o uso de óleos aromáticos, ou então usar dosagens mínimas.

Para pele sensível

Dosagem mínima em banhos, massagens e aplicação de óleo no corpo de: basilicão, cajepute, eucalipto, cânfora, cardamomo, erva-cidreita, melissa, noz-moscada, pimenta-negra, tomilho, verbena, limão (no máximo 3 gotas).

Na gestação

Não devem ser utilizados (porque são abortivos): basilicão, cânfora, cenoura, cravo, noz-moscada, manjericão, mirra, orégano, poejo, *Salvia officinalis*, açafrão, zimbro, incenso, hissopo, cedro. Em dosagens fracas, nos primeiros meses, podem ser utilizados o gerânio, a noz-moscada, a hortelã, a rosa e o alecrim.

Pressão arterial alta

Não devem ser utilizados ou, quando muito, parcamente dosados, antes de tudo, em banhos: o alecrim, a *Salvia officinalis*, o tomilho, o hissopo (no máximo 3 gotas).

Banhos de sol

No bronzeamento da pele; queimaduras provocadas por banhos de sol: bergamota, verbena, limão.

Dosagens tóxicas

A intoxicação pode ser ocasionada (ingestões superiores a 10 gotas) por excesso de: anis, funcho, cânfora, noz-moscada, cravo, orégano, poejo, pinha, *Salvia officinalis*, hissopo, cedro, canela, limão.

A ocasional ingestão de dosagens fracas desses óleos não é tóxica. O consumo medicinal, longo e constante, mesmo que em pequenas doses, pode fazer mal à saude (envenenamento).

Crianças

Jamais trate seu filho com os mesmos óleos e dosagens utilizadas para os adultos. (Veja capítulo: "Tratamento para crianças".)

Na epilepsia

Funcho, *Salvia officinalis*, tuia e hissopo não devem ser ministrados.

Tratamento homeopático

Se você for tratado com produtos homeopáticos, nunca use óleos aromáticos ao mesmo tempo.

Efeitos e sua duração

O efeito de uma fragrância sobre os nervos do olfato é de curta duração. Se sentirmos por longo tempo o mesmo odor, o efeito irá perder gradativamente a eficácia sobre os nervos do olfato. Infelizmente, porém, isto não é válido para os cheiros desagradáveis.

O lançamento constante de aerossóis perfumados no ar, incessantes mudanças de aroma sem um bom intervalo, gera dores de cabeça e indisposições. Duas a três horas de permanência diária em ambientes tratados com aerossóis são suficientes para causar indisposição.

Os óleos aromáticos, dependendo do modo como são aplicados, trazem resultados quase que imediatos. O mais rápido é aquele inspirado e aceito pelo olfato. Dessa forma, você poderá notar seus efeitos sobre a sua disposição de espírito, dependendo da sua sensibilidade, logo após o uso. Reações físicas corpóreas necessitam de tempo maior para ocorrerem. Em banhos, o óleo requer cerca de 20 minutos para penetrar na pele e aliar-se aos líquidos do corpo, que irão transportar os óleos para os órgãos doentes e sobre os quais agirão no sentido de alcançar a cura. Em compressas, o procedimento é semelhante, mesmo quando elas são aplicadas sobre uma parte do corpo (superficialmente) ou nas proximidades do órgão doente. As compressas deverão permanecer também pelo tempo de 20 minutos para surtir efeito. Aproveite esse tempo para relaxar e para se concentrar na parte do corpo ou órgão que está em tratamento.

Nas massagens, aplica-se o óleo aromático sobre a pele, ativando-se o sentido do olfato. A pele, na massagem, necessita de mais tempo para a absorção, a não ser que esta seja complementada por um banho (de cerca de 30 min). Descanse após a massagem e inspire profundamente.

Na ingestão dos óleos, você poderá contar com reações orgânicas quase imediatas, principalmente se o estômago ou o aparelho digestivo forem o alvo do tratamento. Nesse, como em qualquer outro tratamento, a duração dos efeitos ainda não pode ser avaliada. Ela oscila de acordo com o óleo ministrado, o método aplicado, o estado da pele no momento, a circulação sanguínea, e ainda: a assimilação, a sensibilidade, a permeabilidade e a confiança pessoal no produto de cura. Além disso, é muito diferente se você tratar uma dor de cabeça e massagear a testa e a fronte com hortelã ou melissa (nesse caso, os efeitos poderão ser constatados em poucos minutos) ou se tentar fazer desaparecer uma tenaz celulite (para isso, você terá de massagear as coxas, durante muitas semanas, com uma mistura especial).

Todo óleo é tão peculiar quanto a planta que lhe deu origem, e jamais voltará a ser produzido com o mesmíssimo cheiro e as mesmas qualidades daquele que acabou de ser usado. A lavanda proveniente da França ou da Inglaterra é, para os perfumistas e especialistas em aromatização, dois óleos inteiramente diversos, isto é, seus odores são diferentes e seus efeitos curativos são gradualmente diversos conforme a sua composição. E como também as pessoas são diferentes, cada óleo atuará individual, intensa e rapidamente. Não espere reações imediatas. Você está sendo submetido a sutis produtos naturais, e a natureza tem tempo e paciência.

Qualidade e preço

A qualidade do óleo aromático é importante, já que você está adquirindo um produto que deverá proporcionar um determinado efeito e que, conseqüentemente, também deverá ser puro, a fim de que esse efeito possa ser garantido. Afinal, você irá passá-lo em seu corpo, inalar suas fragrâncias, banhar-se com o óleo e, eventualmente, ingeri-lo. Óleos aromáticos não têm contra-indicações se forem usados de maneira correta, principalmente se puros. Você deverá estar atento às características informadas pelo fabricante. Algumas firmas garantem textualmente a procedência dos óleos. Os óleos puros e naturais, provenientes de plantações biologicamente controladas, são sempre mais caros do que os adicionados a outros, ou do que misturas feitas com essências de aromas parecidos, que poderão conter características ou indícios de aditivos usados para aumento de volume e de tratamento químico durante a manipulação das plantas.

Para um litro de óleo de jasmim, por exemplo, milhares de flores são utilizadas. Como outras plantas e flores, o jasmim tem época certa para colheita e tratamento, uma vez que os óleos aromáticos estão em constante movimento na planta. Conforme a hora do dia, os óleos podem estar ainda nos estames, nas folhas ou nas flores. Durante a noite, é o momento de o perfume exalado pelo jasmim estar mais forte, pois nesse momento o óleo se aloja em suas flores. Portanto, o jasmim é colhido à noite, antes do nascer do sol, e manipulado no moroso processo de extração já descrito em capítulo anterior, e isto tem seu preço! O produto final, resultado da cuidadosa fabricação, é para você, comprador, um pequeno frasco de óleo aromático com um maravilhoso perfume e inúmeras possibilidades de aplicações terapêuticas. Para 10 mililitros de jasmim absoluto, você deverá desembolsar entre 200 e 300 marcos alemães. Os preços dependem do plantador e da oferta de mercado e têm enorme variação de ano para ano entre os agricultores.

Em todos os lugares do mundo existem fabricantes de óleos que, mediante produtos aditivados que aumentam o volume das misturas, conseguem eventualmente extrair de um litro de óleo puro três litros, a fim de também triplicar seus ganhos. Isso poderá ser muito lucrativo considerando-se o preço de 25 marcos alemães para um mililitro de rosas ou 30.000 marcos alemães para um litro de jasmim. Outros fabricantes oferecem óleos sintéticos, que não possuem propriedades curativas. Suas moléculas odoríferas não provocam no cérebro nenhuma reação que possa ter efeitos físicos ou corpóreos. O nosso sentido do olfato só poderá reconhecer odores naturais que provoquem reações físicas ou psíquicas. Óleos sintéticos ou semelhantes aos naturais não possuem força vital. Óleos aditivados não dispensam o uso de um óleo puro e nem deveriam ser ingeridos, uma vez que podem conter aditivos tóxicos ou indigestos.

Um outro método de se obter bastante óleo a baixo custo é o uso, quando de sua extração, de solventes venenosos, que realmente extraem mais óleo aromático das plantas, mas que sobram no produto final após a destilação. Não agrida o seu corpo com produtos desse tipo. Agora, algumas sugestões para você poder testar um óleo puro, de procedência natural:

- Esfregue um pouco de óleo entre os dedos. Se o resultado for meloso ou gorduroso, certamente ele estará aditivado com óleo de amêndoas ou de oliva. Se, no entanto, ele permanecer na superfície da água do banho, isso é normal, pois nenhum óleo aromático se dissolve sozinho na água.
- Pingue uma gota de óleo sobre um pedaço de papel. Se ficar uma mancha oleosa depois da evaporação, então você tem pela frente um óleo aditivado.
- Quando um óleo se dissolve sozinho na água e deixa um rastro leitoso, então trata-se de um óleo sintético, com conservantes, tal como o utilizado pela indústria de cosméticos.
- Se o seu óleo cheira a álcool, indiscutivelmente foi adulterado com o conhecido aditivo álcool etílico.

Um importante indício para descobrir o que você tem diante de si é o preço. Cuide-se para evitar a compra de óleos com preços atraentes, e só use óleos de fabricantes que garantam a sua pureza. O rótulo "Óleo Perfumado" significa, por exemplo, que não estamos à frente de um óleo puro, natural.

Após algum tempo de convívio e cheirando óleos aromáticos, seu olfato estará em ótimas condições de distinguir bem qual é o produto certo e honesto e aquele ao qual você deverá manter distância.

Pense também que esses pequenos tesouros são a alma e a energia vital de uma planta ou de uma árvore, vida que pode nos curar de maneira pura e natural. Mas como o nosso mundo vegetal é delimitado, conseguir os óleos aromáticos também pode ser difícil e dispendioso, e por isso mesmo não podem ter preço de venda acessível e sua disponibilidade é limitada. As essências naturais são preciosidades que possivelmente se tornarão raridades no futuro. Usufrua, portanto, do mundo das fragrâncias — dê a si mesmo esse luxo sadio, renove-se e deixe-se estimular muitas vezes pelo prazer do contato com a natureza e com o seu corpo.

Os mais importantes e usuais óleos aromáticos, dos quais trataremos a seguir, são:

Basilicão • Benjoim • Bergamota • Eucalipto • Funcho • Gerânio • Jasmim • Camomila • Cânfora • Lavanda • *Salvia sclarea* • Manjericão • Melissa • Mirra • Néroli* • Laranja • Patchuli • Hortelã • Rosa • Alecrim • Sândalo • *Salvia officinalis* • Pimenta-negra • Tomilho • Zimbro • Hissopo • Cedro • Limão • Cipreste.

---

* Néroli — nome comercial do óleo volátil extraído da flor da laranjeira. (N.T.)

Modos de usar os óleos

Lamparina aromatizadora

Com a lamparina aromatizadora, você pode perfumar a sua sala ou a casa toda, sem que seja necessário interromper suas atividades e, assim, poderá inspirar aromas medicinais e estimulantes. Em especial, recomenda-se o uso de lamparinas aromatizadoras para os casos de resfriados, tosse, bronquite, asma, nervosismo, insônia e, em geral, qualquer esgotamento. Durante o sono, a lamparina aromatizadora alivia seus males, e sua má disposição poderá muito bem ser modificada.

No trabalho, você se sentirá renovado espiritualmente e estará desperto sob o efeito do aroma estimulador, que também dilui os cheiros da cozinha espalhados pela casa, o de ambientes carregados da fumaça de cigarros e, ainda, espanta insetos. Ou você usa a lamparina para que a sua fragrância preferencial o envolva, simplesmente para se sentir melhor.

As lamparinas que existem hoje no mercado não só são práticas como também se constituem num estético prazer para os olhos em razão de sua diversificação e, por vezes, artística apresentação. Você poderá optar entre lamparinas tonificantes mais baratas, coloridas, algumas à base de ervas, que só funcionam durante quatro horas, ou optar pelas caras lamparinas incandescentes munidas de exclusivo abajur feito de alabastro (a partir de 200 marcos alemães).

As lamparinas são providas de frascos cheios com uma mistura de óleos aromáticos. O conteúdo evapora e, dependendo da quantidade, leva em média de duas a três horas para terminar. Recomenda-se limpar constantemente a vasilha dos restos de óleo, para que se obtenha sempre um aroma puro. Uma vasilha contendo essa essência, colocada sobre a chapa de fogão elétrico ou colocada num pulverizador manual, surte o mesmo efeito. O pulverizador é prático quando você quer aromatizar rapidamente o ambiente ou pulverizar objetos (para desinfecção).

Ao utilizar um óleo de evaporação lenta ou um óleo cujo teor aromático seja intenso, você terá o ambiente perfumado por muito mais horas. Porém, você não deve usar repetidamente a lamparina para não superexcitar os seus sentidos. As conseqüências poderão ser dor de cabeça e enjôo.

Depois de algumas experiências, você com certeza terá encontrado a fragrância e a mistura ideais. Para uma dosagem no frasco da lamparina, geralmente serão suficientes de 6 a 10 gotas de óleo.

RECEITAS PARA A LAMPARINA AROMATIZADORA

(número = quantidade de gotas)

Desinfecção do ar ambiente (efeito anti-séptico)
6 lavanda ou bergamota, 1 eucalipto, 1 zimbro

Anti-séptico forte para purificar o ar
4 hissopo, 4 canela, 4 bergamota

Contra cheiros da cozinha
6 limão, 4 laranja

Contra dores de cabeça
4 melissa, 2 hortelã, 2 camomila

Para resfriados e bronquite
2 hortelã, 2 eucalipto, 2 alecrim, 2 néroli

Para asma e tosse muito forte
6 hissopo, ou
4 hissopo, 4 hortelã, ou
2 eucalipto, 2 benjoim, 2 tomilho

Para cansaço e fraqueza mental
4 cidreira, 2 hortelã, 2 basilicão, ou
2 limão, 1 bergamota, 4 hortelã, ou
6 hortelã, 2 alecrim

Para depressão e angústia
4 noz-moscada, 2 bergamota, ou
4 melissa, 4 basilicão

Para estados nervosos
3 limão, 3 laranja, 1 jasmim, ou
4 lavanda, 4 noz-moscada

Para fortes excitações nervosas
6 gerânio, 4 basilicão

Perturbações (para clareza de raciocínio)
6 melissa, 4 bergamota, ou
6 limão, 2 cidreira, 2 lavanda, ou
4 pau-de-rosas, 4 patchuli

Para grande agitação, choque ou susto
4 noz-moscada, 2 manjericão, 2 rosa e
2 ylang, ou
4 cipreste, 2 cedro, 2 sândalo

Para relaxamento, tranqüilidade interior, meditação
6 incenso, 4 patchuli, 2 bergamota

Para tranqüilizar e relaxar antes do sono
5 cedro, 1 lavanda, ou
3 rosa, ou
4 lavanda, 2 néroli, ou
4 lavanda, 2 bergamota

Contra insônia
4 camomila, 2 lavanda, ou
6 lavanda, ou
4 néroli, 2 gerânio, ou
6 manjericão, 2 pau-de-rosas

Banhos

O barulho de água corrente, nadar no mar, a vista de um lago, os murmúrios das corredeiras de um regato das montanhas, proporcionam momentos relaxantes para o corpo e a alma. A água sempre atraiu e atrairá o homem; há centenas de anos, o homem construía suas mais fantásticas instalações para banhos a fim de se recuperar e relaxar, ou para se curar, se limpar e se tratar. O banho numa banheira em casa e o contato com a água, ao ar livre, se conjugados com óleos aromáticos, podem influenciar bastante: a cura de doenças e de dores, os tratamentos de pele, a inquietação espiritual ou o desassossego, a excitação e, finalmente, uma maravilhosa experiência com as fragrâncias.

Nos banhos, os óleos aromáticos incidem sobre a pele e o olfato. O banho com óleos aromáticos é a principal terapia e a mais intensa, pois, conjugando-se os óleos com a água, eles podem penetrar rapidamente na pele e ser levados pelos líquidos do corpo ao órgão doente. Inspirado o aroma, sucede-se uma estimulação dos nervos do olfato e a pele será tratada por substâncias curativas.

Após 20 minutos, os óleos terão penetrado na pele, pois eles se dissolvem subcutaneamente na parte gordurosa, passando a atuar na cura dos locais afetados. No entanto, não espere mudanças imediatas no seu estado de saúde. Os óleos aromáticos têm uma incidência sutil e, como mencionamos anteriormente, dependem de vários fatores para que possam surtir efeito específico num determinado espaço de tempo. Em todo caso, você poderá contar com um relaxamento ou, quem sabe, com uma estimulação, e precisará saber que quanto mais quente for a água, tanto mais rápida será a dissolução dos óleos e mais depressa eles começarão a agir. Mas tenha cuidado: alguns óleos podem provocar irritação em peles mais sensíveis.

Doses pequenas (de duas a três gotas): hortelã, alecrim, cânfora, cajepute, cedro, pinho, melissa, cardamomo, limão, pimenta-negra, eucalipto, açafrão, orégano, cidreira, gengibre.

Em geral, de 6 a 10 gotas de óleo aromático serão suficientes para um banho de imersão. E como já sabemos que um óleo aromático puro não se emulsiona na água, ele precisa ser dissolvido antes num pouquinho de óleo vegetal, a fim de que se misture bem na água e se impregne bem no corpo. No mel e no creme de leite, os óleos aromáticos também se diluem muito bem. O resultado será um banho de tratamento exclusivo, que tratará da pele simultaneamente, deixando-a sedosa e macia.

O processo é muito simples: uma banheira, água quente e algumas gotas de óleo aromático diluídas numa das substâncias acima descritas. Coloque um disco para tocar as suas músicas mais queridas, talvez algumas velas aromáticas no banheiro, e pronto... relaxe!

Como preparar um banho de vapor: quando a banheira estiver cheia, pingue gotas diluídas de óleo aromático na água, e misture fazendo movimentos lentos. Não coloque o óleo antes, na banheira vazia, e nem sob a água do chuveiro, porque ele evaporará antes que você entre no banho. Ao entrar na banheira, o óleo aromático se depositará como uma película sobre a sua pele. Vá agitando a água durante o banho, a fim de que o óleo possa alcançar por igual todas as partes do seu corpo. Respire profundamente o aroma.

Para pele seca, recomendo misturar as essências em duas a três colheres (de chá) de óleo vegetal (amêndoa-doce, jojoba, abacate) numa vasilha, e acrescentá-lo ao banho. Em vez de óleos vegetais, lembre-se de que poderá usar também creme de leite ou mel.

Ao preparar seu banho desta maneira, o óleo aromático permanecerá sobre a sua pele como uma finíssima película, mesmo após o banho. Você poderá complementar o tratamento com um óleo para a pele, o que prolongará os efeitos e a deixará mais flexível. Esta é uma verdadeira e valiosa sugestão, principalmente porque a água das grandes cidades, longe de deixar nossa pele macia, a resseca.

Se você achar desagradável a permanência da película de óleo sobre a pele, poderá retirá-la com o uso de um bom sabonete líquido. Porém, deverá levar em consideração que esse procedimento reduzirá a força dos efeitos dos óleos usados.

A seguir, são apresentadas algumas receitas. Para aplicações especiais, você poderá consultar "Índice dos sintomas ou efeitos e os óleos aromáticos correspondentes".

RECEITAS PARA BANHOS DE IMERSÃO

Banho matinal refrescante
2 alecrim, 2 *petitgrain**, ou
3 alecrim, 3 bergamota

Banho refrescante de limpeza
5 limão, 3 gerânio e
eventualmente o sumo de um limão

Restaurador depois de uma longa noite de alegres bebedeiras
4 zimbro (junípero), 2 alecrim, 2 funcho, ou
3 tomilho, 2 alecrim, 1 lavanda, 1 hortelã

---

* *Petitgrain* — óleo extraído das folhas e frutos verdes do pé de laranja azeda. (N.T.)

Depois de um esforço físico pesado
(relaxa os músculos)
1 alecrim, 2 manjericão, 3 lavanda ou camomila

Para resfriados (e outras infecções)
3 lavanda, 2 alecrim, 2 tomilho
(desperta, evite-o à noite) ou
3 lavanda, 3 bergamota
(à noite, acalma)

Para estados nervosos
4 gerânio, 3 basilicão ou néroli

Para depressão e medo
4 lavanda, 2 jasmim, 4 ylang

Para choques e emoções fortes
4 cipreste, 4 cedro, 2 pau-de-sândalo

Para pressão alta
4 ylang, 2 manjericão

Contra reumatismo
6 alecrim, 3 eucalipto, 2 cânfora
(observar a tolerabilidade da pele)

Banho desintoxicante
2 gerânio, 2 alecrim, 1 zimbro, 1 lavanda

Contra febres
4 hortelã, 2 eucalipto, 1 pimenta-negra
(somente 10 minutos; acamar-se logo após)

Contra cólicas e cãibras (espasmos)
4 *Salvia sclarea*, 4 camomila

Para relaxamento e bom sono
4 camomila, 2 lavanda, ou
4 néroli, 2 camomila, ou
3 lavanda, 3 *Salvia sclarea*, ou
4 lavanda, 2 manjericão ou bergamota

Para animar-se à noite
6 alecrim, 2 zimbro, 1 pimenta-negra

Para estimular e tonificar os músculos
3 alecrim, 2 zimbro, 1 pimenta-negra

RECEITAS PARA ESCALDA-PÉS

Para alguns casos deveria (ou precisaria) ser dada preferência aos escalda-pés, em vez de banhos de imersão. Pelo estudo dos reflexos da planta dos pés, é sabido que eles praticamente representam o corpo todo e que, através deles, cada órgão pode ser estimulado.

Os escalda-pés produzem bons resultados contra as dores de cabeça, enxaquecas, dores menstruais, resfriados, cansaço e dores nas pernas.

Contra o suor nos pés
3 lavanda, 3 *Salvia officinalis*, 3 cipreste

Pés cansados e doloridos
5 zimbro, 2 lavanda, 2 alecrim

Contra dores e cãibras
4 *Salvia sclarea*, 2 hortelã

RECEITAS PARA BANHOS DE ASSENTO

(para banhos de assento, nível de água até os quadris)

Contra hemorróidas
5 cipreste, 3 zimbro, 3 incenso

Contra herpes na área genital (herpes II)
6 lavanda, 2 eucalipto ou bergamota

Contra impotência e frigidez
5 *Salvia sclarea*, 2 jasmim, 2 pimenta-negra

Casos de inflamação nos órgãos sexuais masculinos
4 sândalo, 2 lavanda, 1 rosa

Contra celulite
6 zimbro, 2 laranja, 2 cipreste, 2 limão
(regularmente, 2 vezes por semana, durante vários meses)

Contra dores menstruais
4 *Salvia sclarea*, 3 manjericão, 2 hortelã
(veja também "Menstruação, gravidez e parto")

Para menstruação irregular
4 *Salvia sclarea*, 3 melissa, 2 rosa

Para flores-brancas, fungos, bactérias infecciosas, pruridos e leucorréia
3 camomila, 2 bergamota, 1 hortelã, ou
2 rosa, 4 lavanda, 2 bergamota, ou
1 rosa, 4 lavanda, 1 canela
(principalmente para pruridos) ou
6 *tea-tree*

Estas receitas de banhos de assento também podem ser substituídas por *duchas vaginais* ou *tampões*, que, nesse caso, são muito mais eficazes.

Ducha vaginal: em todas as receitas, misturar as quantidades de óleos recomendadas com um litro de água morna, sacudir bem e encher a seringa de clister ou a ducha vaginal.

Tampões: embeber os tampões com a mistura de água morna e trocá-los várias vezes ao dia.

Massagens

Na massagem com essências florais, a massagem de corpo inteiro diferencia-se da massagem usada em áreas localizadas sob as quais se situa o órgão afetado. É muito eficaz a aplicação de óleo de massagem que contenha essências aromáticas, independentemente das diversas técnicas de cada terapeuta.

Você pode misturar óleos para massagens que, por exemplo, acalmem os nervos, relaxem o espírito, tonifiquem os músculos, aliviem as dores reumáticas ou musculares, sejam eficazes contra a celulite e estimulem a circulação sanguínea, além de muitas misturas que, aplicadas em massagens localizadas, objetivem o tratamento de um órgão em especial. Para a escolha dos óleos correspondentes, consulte "Índice dos sintomas ou efeitos e os óleos aromáticos correspondentes".

A massagem significa dar e receber: é um contato físico com uma outra pessoa, é fazer reciprocamente o bem. Se você se submeter a uma massagem ou a fizer você mesmo, descontraia-se e sinta novamente o seu corpo.

Uma vez só que seja, "gratifique-se" com uma coisa extraordinária: uma massagem com óleos aromáticos!

O resultado você vai descobrir com os variados efeitos dos óleos: você cura órgãos, relaxa os nervos, influencia positivamente as suas emoções e sua pele receberá um tratamento especial por meio de substâncias medicinais e renovadoras das células. Durante a massagem, os óleos penetram lentamente na sua pele, camada por camada, deixam-na flexível, ativam a renovação celular e as funções cutâneas, atingem a circulação sanguínea e o sistema dos vasos linfáticos e os órgãos, sobre os quais agem no sentido de curar.

Durante a massagem, você inspira os aromas dos óleos e, através do sentido do olfato, estará recebendo tratamento e estímulos. Depois da massagem, repouse e deixe que os óleos possam atuar por mais tempo. Na massagem facial, deixe o óleo por cerca de 15 minutos sobre a pele, dando pequenas pancadinhas e retirando o excesso com um chumaço de algodão.

Para misturar os óleos aromáticos, ou possivelmente diluí-los, você deverá usar só os melhores óleos vegetais, prensados a frio. O óleo de amêndoas-doces, por exemplo, permite que as essências penetrem mais rapidamente na pele.

Use os seguintes óleos vegetais: de avelãs, amêndoas-doces, girassol, germe de trigo, abacate, jojoba.

Jojoba é uma cera líquida que deixa a pele muito flexível e macia. O acréscimo de germe de trigo (mais ou menos na proporção de 10%) para cada mistura impede a oxidação e fornece vitamina E para a pele. As seguintes receitas se baseiam na mistura do óleo aromático de 20 gotas (solução a 1%) até 60 gotas (solução a 3%), em 50 mililitros de óleo vegetal.

RECEITAS PARA MASSAGENS
(com base em 50 mililitros de óleo vegetal)

Óleo revigorante
15 pau-de-rosas, 6 gerânio, 4 laranja

Óleo relaxante
15 lavanda, 10 sândalo, 5 melissa

Aumento da resistência física
20 lavanda, 5 bergamota

Dores musculares
10 zimbro, 8 alecrim, 8 lavanda, 2 limão

Fraqueza dos tecidos conjuntivos
30 lavanda, 50 mililitros de germe de trigo

Contra o cansaço e dores nas pernas
15 alecrim, 10 lavanda

Para celulite
15 laranja, 10 cipreste, jojoba ou germe de trigo
ou 10 cipreste, 3 gerânio, 3 *Salvia officinalis*

Para varizes
10 zimbro, 10 cipreste, 5 limão, ou
10 alecrim, 6 zimbro, 6 lavanda
(diariamente; não massagear diretamente
sobre as veias)

Para enrijecer a pele
15 lavanda, 4 néroli, 4 rosa ou incenso

Para emagrecimento em lugares localizados
(por exemplo, nas coxas)
20 zimbro, 10 cipreste (diariamente)

Para aumentar o busto
15 ylang, 10 gerânio (diariamente)

Contra nervosismo, depressão e abatimento
8 bergamota, 8 pau-de-rosas, 2 jasmim
ou 8 ylang, 4 patchuli ou jasmim

Contra reumatismo
10 zimbro, 10 alecrim, 5 lavanda, 5 limão
ou 10 cânfora, 10 alecrim, 10 eucalipto
(fazer antes teste cutâneo de tolerância)

Contra dores de cabeça e dores gripais
Massagear a testa e as têmporas com
2 melissa ou lavanda, puros.

Para esgotamento mental, espiritual
Massagear a testa e as têmporas com 2 melissa, pura.

Para torpor e fraqueza de memória
Massagear a testa e as têmporas com 2 alecrim, puro.

Inalações, assepsia bucal e gargarejos

Na inalação, os vapores dos óleos aromáticos penetram pelas vias respiratórias, e por isso mesmo são particularmente indicados no tratamento de infecções respiratórias, sinos frontais e sinusites.

Os óleos aromáticos agem, além disso, contra a propagação dos vírus e das bactérias, ou também como expectorantes e tranqüilizantes. Resfriados, gripes, tosse, asma são males típicos para os quais se deve usar a inalação. Uma vez que os aromas irão alcançar também o centro do olfato, o objetivo é conseguir ainda outros efeitos psicossomáticos. Em geral, a partir da inalação pode-se contar com efeitos rápidos e intensos.

Ferva cerca de 2 litros de água e despeje-os numa vasilha. Deixe esfriar um pouco, pois você poderia se queimar com o vapor; a seguir, acrescente no máximo 10 gotas de óleos aromáticos. Cubra a cabeça e a vasilha com uma toalha grande, a fim de que nenhuma essência escape para fora, e respire pelo nariz. Caso você esteja em trânsito, poderá também fazer uma inalação "a seco", bastando pingar duas ou três gotas de óleo num lenço e respirar através dele. Isso representa uma ótima ajuda e pode ser feito facilmente durante o trajeto numa condução ou no automóvel. Assim você se protege de doenças infecciosas e livra seu nariz de resfriados, trata da dor de cabeça e melhora sensivelmente a sua disposição.

Muitos sofrem nos aviões devido ao ar seco, à diferença de pressão atmosférica ou pelo medo de voar. Da próxima vez, experimente a seguinte mistura para inalar: 1 bergamota, 1 lavanda e 1 hortelã, pingados no lenço e respirando através dele.

RECEITAS PARA BOCHECHOS E GARGAREJOS

Solução anti-séptica para gargarejos, abscessos e inflamação na boca e garganta

2 bergamota, 1 lavanda, 1 hortelã, ou
2 limão, 2 hortelã em 1 xícara de água

Dores de garganta (contra estrepto-estafilococos)

3 pau-de-sândalo ou 3 cebola em 1 xícara de água

Contra o mau hálito

1 hortelã, 1 tomilho, 1 mirra
em 1/2 litro de água; sacudir bem numa garrafa para gargarejar; não beber

RECEITAS PARA PULVERIZAÇÃO

(2 litros de água quente e 10 gotas de óleos)

Resfriados/gripe

Eucalipto, *Salvia officinalis*, erva-cidreira, pinheiro (*Pinus mugho furra*), alecrim

Gripe muito forte

Eucalipto, cânfora, pimenta-negra

Inflamação da garganta

Tomilho

Catarro

Hissopo, bergamota, pau-de-sândalo, eucalipto, basilicão, manjerona, hortelã

Sinos frontais, sinusite, obstrução nasal, infecções
Eucalipto, basilicão, hortelã

Asma
Hissopo, lavanda, hortelã

Vaporização nasal
10 ml de óleo de avelãs, 4 gotas de óleos aromáticos

Compressas

Compressas quentes ou frias são um excelente meio para combater e tratar de dores, cãibras, inchaços ou inflamações, porque aqui os óleos aromáticos podem agir concentradamente na região a ser tratada. Misturados com água, os óleos penetram rapidamente na pele em cerca de 15 a 20 minutos.

Compressas quentes são apropriadas para reumatismo, artrites, dores musculares (dores nas costas), febre, espasmos (estômago, menstruação), dores de dentes e de ouvidos, abscessos, doenças de pele, bronquite.

Compressas frias são recomendadas para dor de cabeça, inchaço muscular, torções, tendinites.

As compressas devem ser trocadas tão logo esfriem ou esquentem, ou seja, assim que tenham adquirido a temperatura do corpo. Nas compressas quentes é recomendável cobri-las com um pano seco a fim de atrasar o seu resfriamento.

Nunca coloque sobre os olhos uma compressa na qual tenha pingado óleo puro. As compressas para os olhos devem ser especialmente diluídas.

As compressas devem ser preparadas da seguinte maneira:

Misture algumas gotas de óleo aromático com água quente ou fria. Numa vasilha (para as quantidades, veja as receitas a seguir), misture bem a solução e mergulhe então um pano; a seguir, torça-o, para retirar o excesso de água.

RECEITAS PARA DORES E CÃIBRAS
(baseadas em 1 litro de água quente)

Contra cãibras musculares
2 camomila-amarela, 2 alecrim, 1 pau-de-sândalo

Para cólicas
2 basilicão, 2 alecrim, 1 funcho

Contra cólicas menstruais
3 *Salvia sclarea*, 2 manjericão

Compressas para aliviar dores em geral
2 hortelã, 2 lavanda, 1 camomila-amarela
(outros óleos para aliviar cãibras e dores, consulte: "Índice dos sintomas ou efeitos e os óleos aromáticos correspondentes")

RECEITAS PARA TRATAMENTO DE PELE
(baseadas em 1 litro de água quente)

Contra acne/espinhas
2 lavanda, 1 limão

Para pele seca
1 rosa, 1 néroli, 1 camomila-amarela

Para pele oleosa
1 rosa, 1 pau-de-sândalo, 1 gerânio

Para pele irritada
2 camomila-amarela, 1 rosa

Para infecções cutâneas
2 camomila-azul, 1 rosa

Contra envelhecimento precoce da pele
2 vetiver, 1 néroli

RECEITAS PARA COMPRESSAS FRIAS
(básicas para 1 litro de água fria)

Contra insolação, dores de cabeça
3 rosa, 1 melissa, 1 lavanda

Contra febre
2 limão, 1 lavanda (colocar sobre a testa)
2 eucalipto (envolver os pés)

Para nervosismo e tensões
4 lavanda, 1 melissa (colocar sobre a testa)

Contra contusões e luxações
2 lavanda, 2 funcho

Contra ressaca/dor de cabeça
4 gerânio, 1 limão (colocar sobre a testa)

COMPRESSAS PARA OS OLHOS

Para irritação, olhos cansados e conjuntivite
1 rosa ou camomila-amarela ou lavanda
(misturar muito bem com 1/2 litro de água
e colocar em compressa de algodão sobre os olhos)

Posologia por via oral

A ingestão de óleos aromáticos somente deve ser feita com a supervisão de um terapeuta prático em essências.

Os óleos aromáticos são compostos de uma complicada estrutura química, e na maior parte das vezes o leigo desconhece quais reações eles podem gerar no corpo. Eles passam por todo o corpo, pelo estômago, pelo fígado, pelos pulmões e rins e podem, no caso de não existir um bom controle ou por aplicação errada, prejudicar muito mais do que ajudar. Por isso, você nunca deveria iniciar um tratamento por iniciativa própria ou aconselhar outros a fazê-lo.

Lembre-se também de que os óleos são altamente concentrados e devem ser guardados longe das mãos das crianças.

Se você quiser usar algumas das receitas não-perigosas, preste muita atenção para só tomar os óleos puros, óleos naturais. É primordial estar atento ao adquirir os óleos, que deverão ser de primeiríssima qualidade.

Basicamente, não deverão ser ingeridas mais do que 3 x 3 gotas diariamente. Um tratamento não deverá ser mais longo do que 3 semanas. Óleos absolutos (*essences absolues*) não deverão ser ingeridos.

Os óleos das receitas a seguir você deve tomar com uma colherada de açúcar ou com um copo de água misturado com 1 colher de mel, ou poderá comprar cápsulas gelatinosas. A cada cápsula correspondem duas a três gotas. Com isso, você evita o gosto forte e algo desagradável, e obtém um efeito mais rápido.

RECEITAS PARA USO VIA ORAL

Contra vômitos, enjôos, indigestão
3 hortelã ou basilicão

Contra azia
2 pau-de-sândalo

Contra indigestão pesada/vômitos
1 basilicão, 1 camomila, 1 hortelã, 1 zimbro

Contra dor de cabeça
2 hortelã

Contra espasmos estomacais
2 *Salvia sclarea*

Contra tosse
1 hissopo

Tosses convulsivas
2 hissopo, 2 cipreste

Contra nervosismo
2 gerânio

Contra sintomas de ressaca
1 hortelã, 1 funcho

Possibilidades de aplicação

Óleos aromáticos para o corpo e a alma

Cura e fortalecimento do corpo

Ao primeiro sinal de pequenos males, como dor de cabeça, indisposição estomacal, etc., você pode decidir se vai apelar logo para um comprimido, se vai procurar um médico ou se experimenta a automedicação. A natureza lhe oferece auxiliares maravilhosos, que são os óleos aromáticos. Os óleos aromáticos não podem e não devem substituir a consulta médica para dores persistentes e doenças graves, mas podem ajudá-lo em muitos outros pequenos males.

O corpo humano é uma grande e complicada unidade, na qual funcionam simultaneamente diversas operações a fim de preservar uma só: a vida. Nós, como parte da natureza, podemos fortalecer nosso corpo utilizando-nos de recursos da natureza, e assim protegê-lo e curá-lo.

De conformidade com as propriedades curativas de cada planta em relação à doença, os óleos aromáticos agem sobre o coração, a circulação sanguínea, os aparelhos respiratório e digestivo, as glândulas de secreção, linfáticas e hormonais, os líquidos do corpo, os nervos, o cérebro, os órgãos de reprodução e genitais, os músculos, a pele e os sentidos. Isso quer dizer que, em certos casos, podemos prescindir de preparados farmacêuticos e tentar tratar-nos com produtos naturais que não têm contra-indicação.

Tratamento do corpo

Nossa pele (que possui em média 1,5 metro quadrado de área, é o nosso maior órgão) fica muito grata e feliz ao receber um tratamento natural, pois nos dias de hoje ela é constantemente agredida pelo ar poluído, pelo vento, pela água clorada, pela alimentação malbalanceada e danificada principalmente devido àquela mania de bronzeamento a que nos submetemos nos períodos de férias de verão.

Os óleos aromáticos, em combinação com outros óleos vegetais, podem proteger não só a pele e os cabelos, mas também ajudar no tratamento de inflamações, queimaduras, lesões, fungos cutâneos, abscessos, varizes, verrugas e muitos outros males.

Muitas pessoas continuam a usar produtos de beleza fabricados com base em substâncias sintéticas ou obtidas de animais — cosméticos com eventuais promessas de serem eficazes. Substâncias que foram testadas em animais e que, para estes, significou sofrimento e morte. Os óleos aromáticos são energia viva. Para obtê-los, não precisam ser testados perversa e longamente em animais e não incorporam o halo da morte, mas trazem força e energização vital.

Odor do corpo

Para amenizar o odor do nosso corpo e para compensar um possível e desagradável desequilíbrio provocado pela transpiração, costumamos usar perfumes e desodorantes. O uso de perfumes tem muita importância, pois queremos impressionar, ser atraentes e amáveis com as outras pessoas e poder aspirar um bom perfume, como se saído de nós mesmos.

Antigamente o perfume era produzido exclusivamente de essências naturais e de óleos aromáticos. Hoje encontramos a maioria dos perfumes fabricados praticamente só à base de produtos sintéticos ou similares aos naturais (isso consta no rótulo de vários cosméticos), que, porém, de naturais nada possuem!

Aconselho que prepare seus próprios perfumes ou desodorantes de óleos aromáticos, ou compre, nas casas especializadas, perfumes feitos com verdadeiros produtos naturais, que lhe darão a garantia e a segurança de estar usando a natureza em toda a sua pureza.

O ar ambiente

Um ar agradável no ambiente em que vivemos e trabalhamos, envolvendo as coisas que nos circundam e as roupas que usamos, é para nós muito agradável e motivo de equilíbrio. Descubra qual é a essência aromática que combina com o seu lar ou ambiente de trabalho, ou qual a que condiz melhor com você e suas roupas, de maneira a ajudá-lo a se sentir mais bem-disposto, e aproveite os seus conhecimentos para apurar aqueles seus sentidos "sutis".

Aprimoramento do sabor

Cada óleo tem um cheiro e um sabor. Muitos dos óleos são encontrados como ervas, condimentos ou sucos nas receitas de doces e salgados que usamos na cozinha. Eles são usados para aromatizar os alimentos e as bebidas, realçar-lhes o sabor e para aprimorá-los.

Cura e tratamento da alma

Nosso entendimento e nossa alma nos enviam sinais constantemente. Os sinais da alma objetivam a formação real e correta da nossa vida em relação ao que somos individualmente. Nosso entendimento é condicionado. Ele é um resultado do comportamento e de normas de conduta regidas pela sociedade, com suas concessões e proibições, com os valores das pessoas, com toda a nossa educação e com os odores dos quais nos apercebemos. O mundo que existe nesse quadro é espelhado na nossa formação e nem sempre é condizente com a realidade, sendo muito menos satisfatório. Isso formou o nosso ego, que tem as mais diversificadas modalidades de reação e de emoção que pouco se aproximam da verdade. Outro problema (e inter-relacionado) é que nós muitas vezes não estamos em condições de extravasar nossos sentimentos imediatamente e, em vez disso, recalcamos nossos impulsos, fazendo a contrariedade circular pelo nosso corpo. Em conseqüência, aparecem as tensões, as dores e, finalmente, as conhecidas enfermidades de fundo moral e emocional.

Com os óleos aromáticos você poderá equilibrar ou afugentar disposições negativas, repondo em seu lugar a energia positiva. Este é o caminho para dispersar a tensão e voltar à vida normal e ao bem-estar.

A sexualidade constitui uma importante parte da nossa vida. Tudo o que nos traz prazer — e aqui se enquadra o amor —, para viver uma vida feliz, é aquilo que realiza os nossos sentimentos, que nos deixa saudáveis, conscientes da vida e vivendo-a intensamente. Aqui, os óleos aromáticos agem em dois planos: estimulação direta sobre a sexualidade, relaxamento da tensão e ajuda nos casos de impotência ou frigidez. Eles podem também aquietar a nossa ocupadíssima cabeça e levar-nos a manter contato com o coração, pois a serenidade e o sentimento são, como provavelmente todos já sabemos, uma importante condição para um belo e satisfatório contato sexual.

Chakras

Quem se ocupa amiúde com os chakras, os centros energéticos do corpo, conhece seus significados, seus fenômenos e reações sobre o corpo e o espírito. Os óleos aromáticos detêm vibrações específicas e podem ser usados para tratamento dos chakras.

As misturas para os chakras já são encontradas prontas em muitas ervanarias ou perfumarias.

Meditação e espiritualidade

Os efeitos dos óleos sobre a psique nos autorizam a afirmar que eles são próprios também para os exercícios de meditação.

As fragrâncias nos ajudam na concentração e no relaxamento durante a meditação, a encontrar a paz interior, a nos encontrar e a nos elevar a um plano superior.

Nos capítulos a seguir, você encontrará métodos e receitas para, na já conhecida abrangência dos óleos aromáticos, poder usá-los com discernimento e segurança e com a maior facilidade.

Cura de sintomas específicos

Abscessos frios

Compressas quentes com bergamota, lavanda, camomila-romana, alho ou *tea-tree*.

Abscessos quentes

Compressas frias com cebola.

Amígdalas infectadas

1. 20 bergamota, 20 tomilho, 5 canela, misturados.

2. 2 gotas dessa mistura em um copo de água; gargarejar diariamente.

Arranhões na pele

2 rosa, 20 ml de óleo de amêndoas.

Bronquite

1. Inalar alecrim durante 5 minutos, várias vezes ao dia.
2. Massagear o peito com óleo para o corpo, composto de 50 ml de óleo vegetal, 80 tomilho, 20 lavanda.
3. Compressas com 2 litros de água quente, 10 tomilho, 2 lavanda.

Celulite

1. Óleo, para massagens diárias: 50 ml óleo de germe de trigo, 20 orégano, 10 gerânio.
2. Banho: 2 por semana, durante alguns meses: 6 zimbro, 2 laranja, 2 cipreste, 2 limão (água até a altura dos quadris).

Em geral, a cura de ferimentos e inflamações pede o uso de: benjoim, bergamota, gerânio, camomila, lavanda, hortelã, *tea-tree* e mirra.

Cortes

Pomada com lavanda, bergamota e eucalipto (veja receitas "*Pomadas para ferimentos da pele*").

Eczema/Impingem

50 ml de aloé vera, 15 lavanda, 10 sempre-viva, 5 *cistrose*. Aplicar diariamente.

Feridas na boca

2 mirra; aplicar com chumaço de algodão.

Fungos na pele

50 ml de óleo de jojoba, 20 eucalipto, 10 lavanda ou 10 *tea-tree*.

Fungos nas unhas dos pés

Pincelar sob as unhas dos pés, diariamente e durante uma semana, uma mistura de álcool, lavanda e mirra. Depois continuar tratando como para fungos nos pés.

Fungos nos pés

50 ml de óleo vegetal, 15 lavanda, 15 mirra ou *tea-tree*.

Hemorragia nasal

1 limão com água gelada; embeber algodão e apertar contra a narina.

Infecção do ouvido médio

20 eucalipto e 5 lavanda muito bem misturados numa garrafinha. Deitar 2 gotas num chumaço de algodão e colocar no ouvido. Trocar após uma hora ou pingar um pouco de óleo no ouvido. Passar um pouco de lavanda diluída nas regiões próximas ao ouvido.

Luxações/Contusões

Funcho, cânfora, lavanda, *Salvia officinalis*; colocar em compressas frias, 3 a 4 gotas em 1 litro de água.

Queimaduras

Toques leves com lavanda pura ou cobrir com gaze embebida em lavanda, trocando repetidas vezes. Ou usar mistura de aloé vera com lavanda.

Queimaduras de sol

Banhos com 6 hortelã, 4 lavanda.

Sangramentos

Eucalipto, gerânio, limão, rosa, poejo, diluídos em água. Embeber um chumaço de algodão ou gaze esterilizada. Tocar levemente ou colocar sobre o local.

Varizes

100 ml de óleo de amêndoas, 20 alecrim, 20 zimbro, 10 limão.

Esfregar diariamente, mas não sobre a veia varicosa.

Verrugas

1 lavanda, cânfora ou eucalipto, puros. Colocar diariamente.

Menstruação, gravidez e parto

Síndrome pré-menstrual

Para muitas mulheres, o período menstrual está intrinsecamente ligado com complicações físicas e psíquicas, principalmente quando a mulher ainda não gerou filhos. Alguns dias antes do início do período, a conhecida síndrome pré-menstrual já se manifesta.

Isso significa que o corpo se prepara para uma eliminação de líquidos, o ventre e os seios incham, a mulher fica psiquicamente muito sensível, seu poder de concentração declina, acompanhado de crises de choro e de depressão, na maior parte das vezes motivadas por causas fúteis. Chorar, porém, é um recurso do corpo para se livrar de líquidos.

A melhor maneira de diminuir a retenção de líquidos é fazer muito exercício (natação) e sauna (transpiração). E, por acréscimo, você terá a ajuda do tranqüilizante e curativo poder das águas.

Os óleos usados no tratamento da menstruação são: *Salvia sclarea*, gerânio, manjerona e rosa. A *Salvia sclarea* tem um efeito tão amplo sobre todas as fases da menstruação que você, usando esse óleo, sentirá muito alívio. Em cada fase, o óleo atua e elimina a indisposição e as cólicas menstruais, além de também ser indicado para a menstruação irregular.

Muitas mulheres afirmam que, através de banhos, massagens, compressas ou ingerindo *Salvia sclarea* e outros óleos indicados, conseguiram obter nesses dias um repetido alívio para seus males.

Contra a retenção de líquidos, você deveria fazer massagens ou tomar banhos com os óleos que eliminam líquidos, tais como o alecrim, o zimbro e o gerânio. Este tratamento deverá ser feito uma semana antes da data do fluxo menstrual, ou seja, quando aparecerem os primeiros sintomas da síndrome pré-menstrual. Além disso, tome bastante chá de funcho.

Este período comumente é acompanhado de dores de cabeça e tonturas. Contra esse mal, aconselho a melissa e a hortelã como compressa, inalação ou banho. Você poderá fazer também, com sucesso e em qualquer lugar, inalações "a seco" com esses óleos. Portanto, é bom tê-los consigo nesse período.

Contra fortes mudanças temperamentais, contra depressão e agressividade, o óleo indicado é a bergamota. Os efeitos do óleo de rosa, jasmim e *Salvia officinalis* também são muito parecidos. Deixe-se envolver nesse período pelos aromas da sua lamparina aromatizante, em seus banhos, ou pelo seu óleo para o corpo.

Menstruação

Durante a menstruação, você pode usar os seguintes óleos em banhos, massagens, lamparina aromatizante, ducha vaginal ou ingeri-los diluídos em água melada (máximo 3 x 3 gotas diárias):

RECEITAS PARA DISTÚRBIOS MENSTRUAIS

Para menstruação irregular
Rosa, melissa e *Salvia sclarea*
Menstruação fraca ou atrasada
Basilicão, funcho, camomila-romana
manjerona, orégano, melissa
cominho, erva-cidreira, noz-moscada,

Salvia sclarea, mirra, alecrim, *Salvia officinalis*, tomilho, zimbro, hissopo, cipreste

Contra cólicas menstruais

Bergamota, benjoim, gengibre, **jasmim**, hortelã, **rosa**, *Salvia officinalis*, açafrão, hissopo

Contra dores menstruais

Erva-doce, cajepute, camomila-romana, cenoura, lavanda, melissa, manjerona, ***Salvia sclarea***, hortelã, **rosa**, zimbro, *Salvia officinalis*, açafrão, cipreste

Menstruação intensa e longa (fluxo sanguíneo forte)

Poejo, **rosa**, incenso, cipreste, canela

Óleos de efeito estimulante

Bergamota, incenso, gerânio, *grapefruit*, **jasmim**, lavanda, melissa, *Salvia sclarea*, néroli, laranja, rosa, pau-de-rosas, incenso, ylang

Para os sintomas menstruais, são muito eficazes os banhos quentes de assento, as compressas quentes, as duchas vaginais e os tampões aromatizados (consulte também "Possibilidades de aplicação").

Gravidez

Durante a gravidez, você *não* deve usar os seguintes óleos (contra-indicados, porque são abortivos): basilicão, cânfora, cenoura, manjerona, hortelã-pimenta, mirra, orégano, poejo, *Salvia officinalis*, tomilho, hissopo, canela.

Durante os quatro primeiros meses de gravidez, os óleos a seguir só poderão ser usados em doses mínimas (são perigosos, porque poderão prejudicar o feto); funcho, jasmim, hortelã, rosa, alecrim.

Muitas vezes, os primeiros meses de gravidez provocam enjôos, vômitos e tonturas e, neste caso, pode ser usada a hortelã em doses diminutas. Para azia, o melhor para tomar é o pau-de-sândalo. Em geral, os banhos e massagens com gerânio, lavanda, incenso, hortelã e rosa fazem muito bem ao organismo e ao equilíbrio espiritual.

Com o crescimento do bebê no ventre, a pele da barriga tende a esticar muito; porém, fazendo-se uma suave massagem com lavanda, pode-se controlar e evitar a formação de estrias. Também as pernas e os pés, com o aumento do peso do corpo, ficarão sobrecarregados. Amiúde estão inchados e rapidamente se cansam e ficam doloridos. Neste caso, use óleo para massagens com gerânio e alecrim. As dores nas costas também poderão aparecer. Trate de suas costas com uma suave massagem com lavanda e alecrim. E para o tratamento da pele, indico-lhe uma loção de rosas.

Parto

Quatro ou seis semanas antes do nascimento do bebê, você poderá tomar banhos com *Salvia sclarea* e cravo, o que irá fortalecer o útero. Caso o parto seja efetuado em casa, ou em local no qual você possa continuar usando os óleos aromáticos, então indico-lhe jasmim e *Salvia of-*

ficinalis para o trabalho de parto, e *Salvia sclarea* e lavanda para diminuir as dores causadas pela dilatação na abertura do útero, onde ficou retido, por tanto tempo, o pequenino ser. Esses óleos podem ser aplicados em compressas.

Que recepção maravilhosa para esse novo ser que encontra na sala de parto fragrâncias tão deliciosas! Afinal, agora você sabe como é importante o sentido do olfato!

Menopausa (climatério)

Esta época está intimamente ligada a uma acentuada alteração hormonal. Os reguladores hormonais indicados para esses casos de transição são: funcho, gerânio, camomila-romana e cipreste. A sálvia também é recomendada, pois possui um ativante similar ao hormônio estrogênico. Beba muito chá de sálvia e use também a essência em sua lamparina e em banhos.

Doenças do útero

Para as doenças do útero, podem ser utilizados óleos aromáticos de ação curativa e tonificante. Entre estes, você pode contar com a *Salvia sclarea*, o jasmim, a mirra, a salsa (também na comida!), a rosa, o incenso e o cipreste. Use esses óleos em compressas, adicionados ao banho e para massagem local.

RECEITAS CONTRA A SÍNDROME PRÉ-MENSTRUAL

Banho (contra a retenção de líquidos)
6 alecrim, 4 zimbro, 2 gerânio

Massagem (contra a retenção de líquidos)
10 alecrim, 10 zimbro, 10 gerânio em 50 ml de óleo vegetal

Banhos (regulador menstrual/estimulante)
4 manjerona, 4 *Salvia sclarea*, 2 rosa

Lamparina aromatizadora (estimulante)
2 rosa, 2 bergamota, 2 jasmim ou 4 *Salvia sclarea*, 2 néroli

Compressas frias (contra dor de cabeça)
3-4 hortelã ou melissa em 1 litro de água ou 2 melissa ou hortelã pura, esfregar na testa e têmporas

Posologia oral (contra enjôos)
2 hortelã, melissa ou rosa em água misturada com mel

RECEITAS PARA A MENSTRUAÇÃO

Menstruações dolorosas ou atrasadas
Banhos de assento: 6 *Salvia sclarea*, 4 manjerona, 2 hortelã, ou 4 rosa, 4 lavanda em água quente
Duchas vaginais: 4 *Salvia sclarea*, 2 manjerona e 2 rosa ou jasmim, com 1 litro de água, bem misturados, para colocar na ducha

Compressas quentes: 4 *Salvia sclarea*,
4 manjerona, 2 hortelã;
misturar em 2 litros de água e renovar
as compressas conforme esfriarem
Massagens de óleo no baixo-ventre: 15 *Salvia sclarea*,
10 manjerona, 5 rosa, 50 ml de óleo vegetal

Para menstruações prolongadas e alta perda sanguínea

Banho de assento: 5 cipreste, 5 incenso, 3 rosa
Ducha vaginal: 3 cipreste, 2 incenso,
2 rosas em 1 litro de água
Compressas quentes: 2 cipreste, 4 incenso ou rosa
Massagens de óleo no baixo-ventre:
10 incenso, 10 cipreste em 50 ml de óleo vegetal

Contra a depressão e as oscilações do temperamento

Banhos: 4 *Salvia sclarea*, 4 bergamota,
2 rosa ou néroli
Lamparina aromatizadora: 4 bergamota,
2 lavanda, 2 pau-de-rosas

Tratamento para crianças

As crianças têm grande capacidade de defesa contra doenças; seus corpos novinhos ainda não foram influenciados pelos agentes agressores da natureza, da má nutrição e da carência de exercícios, e estão muito mais receptivos para os efeitos tonificantes dos óleos aromáticos. Porém, não se podem administrar óleos aromáticos às crianças abaixo de seis anos, a não ser em casos extraordinários e, assim mesmo, em doses diminutas. Tão logo as crianças passem a freqüentar o jardim-de-infância ou a escola, estarão em contato com muito mais pessoas e, portanto, sujeitas a doenças. Prevêem-se, a partir daí, tempos de muita preocupação.

Se você quiser tratar seu filho com óleos aromáticos, seja lá qual for o motivo, então só utilize aqueles que agem suavemente. Entre estes estão a camomila-romana e a lavanda, que têm ação antiespasmódica, aplacam as dores e são tranqüilizantes.

As crianças jamais devem ingerir óleos aromáticos sem que estes estejam muito bem diluídos. Na água do banho, também, use no máximo a metade da dose indicada para os adultos. Aumentando a idade, as dosagens podem ser aumentadas gradativamente. E não deixe de guardar seus óleos aromáticos bem longe do alcance das crianças!

RECEITAS PARA CRIANÇAS

Banhos contra dores, convulsões, e indicados para estimular o sono

2 camomila-romana, 1 lavanda, diluídos **em gordura vegetal**

Banho para o tratamento da pele

2 camomila-romana, 1 rosa, diluídas em 2 colheres (de sopa) de mel ou nata

Banho contra resfriados

3 eucalipto diluídos em 2 colheres (de sopa) de mel

Contra resfriados

1 eucalipto — sobre o travesseiro
1 eucalipto ou *Salvia sclarea* — durante a noite,
na lamparina aromatizadora

Contra dor de barriga ou espasmos

Compressas quentes com 1 camomila-romana
em 1 litro de água

Contra dores de cabeça

Compressas frias com lavanda em 1 litro de água.
Colocar sobre a testa e as têmporas

Para um relaxamento sadio e bom sono

1 camomila-romana ou lavanda, sobre o travesseiro

Contra dor de dentes e de ouvidos

Compressa em 1 litro de água, ou esfregar
a gengiva ou o ouvido com camomila-romana

Nas infecções das vias respiratórias e tosse

Inalações com eucalipto, cipreste, hissopo
ou água e, à noite,
colocar 1 gota desses óleos sobre o travesseiro
ou um pouco
na lamparina aromatizadora, ou, ainda,
compressas quentes com lavanda

Para a coqueluche

Inalação com 2 eucalipto, 2 basilicão, 2 hissopo
em 2 litros de água

Óleo de massagem para bebês
1 rosa ou camomila-romana; misturar com
50 ml de óleo vegetal

Tratamento da pele e dos cabelos

O mais importante órgão, depois do coração e do fígado, é a pele. Você não pode trocar de pele mesmo que, às vezes, não queira estar dentro dela. Você precisa viver com ela, tal como ela lhe foi dada.

Dentre as inúmeras funções da pele, uma delas é cobrir o corpo, e as outras são: proteger-nos contra substâncias tóxicas, auxiliar no metabolismo, na produção de vitaminas e na distribuição de líquidos, regular a temperatura do corpo e alertar-nos contra queimaduras ou ferimentos através da ajuda de milhares de pequeninos nervos que afloram na pele. Ela nos dá as sensações do quente, do morno, do frio, do molhado, do seco, do liso e do áspero, em todas as suas escalas e variações.

A pele mostra-lhe como o seu corpo é interiormente. Tudo aquilo que o desintoxicador interno não consegue eliminar (doses excessivas de álcool, nicotina, cafeína, toxinas de alimentos), a pele procura destruir. A pele indica quando você está se alimentando mal, quando está carente de vitaminas, e também quando você está bebendo pouco líquido. E procede da mesmíssima maneira quando há alterações hormonais. É na pele também que se notam os resultados da realização espiritual. Ela é a válvula para muitos processos internos do corpo e da alma.

Vento, água, sol, sujeira e substâncias tóxicas no ar são os efeitos externos que devem fortalecer a sua pele. Acabamos de descrever, em resumo, somente uma parte dos trabalhos e funções da pele, que não correspondem absolutamente ao total de toda a sua atividade. Observe, pois, como é complexo e importante o funcionamento desse órgão.

A pele é composta de três camadas: a área externa, superior e visível para nós, chamada epiderme, que em parte é composta de células epidérmicas mortas ou parcialmente mortas. Das camadas inferiores, as células se movem constantemente para a superfície, num constante processo de renovação.

A camada central, a derme, detém glândulas sudoríparas, glândulas sebáceas, vasos sanguíneos, vasos linfáticos e veias, raízes capilares e células nervosas.

Na área inferior, aparecem os tecidos musculares e gordurosos. Aqui, o trabalho é compacto, onde todas as funções devem ser efetuadas sem "atritos". Corredores devem estar livres, os líquidos devem poder circular e ter ar suficiente, pois a pele quer respirar.

Os óleos aromáticos penetram muito bem na pele. E é esse o fator preponderante do seu efeito natural sobre as diferentes camadas da pele: glândulas, veias, raízes dos cabelos e células nervosas. Entrando em contato com as células nervosas — tomando o cheiro como exemplo —, o óleo faz com que estas atuem sobre o sistema nervoso central, provocando seus efeitos sobre o corpo e sobre a alma.

Quando os óleos penetram mais profundamente, eles alcançam a parte líquida do organismo e são, por exemplo, transportados pelo sangue através do corpo, até encontrar o órgão que possivelmente está necessitando de tratamento.

Os efeitos dos óleos aromáticos aplicados sobre a pele são numerosos. Todos os óleos têm poder para renovar células: alguns atuam sobre os hormônios, outros têm ação rejuvenescedora e quase todos são anti-sépticos. Eles ativam a circulação sanguínea e ajudam na eliminação de substâncias tóxicas, diminuem inflamações, curam ferimentos, ajudam na cicatrização e purificam a camada superior da pele, deixando-a flexível.

Seus cabelos também estão sujeitos às variações climáticas.

Se a sua pele não é sadia, será impossível encontrar solo fértil para o crescimento e estabilidade dos cabelos. Os óleos aromáticos podem ser muito úteis se você quiser fazer um tratamento direto para os cabelos, ou tratá-los indiretamente, no caso de estar fazendo um tratamento de pele.

O volume, flexibilidade, cor e brilho dos cabelos são conseguidos com um tratamento curativo e aromático de lavagens e xampus.

Os óleos aromáticos podem, excepcionalmente, ser aplicados puros na pele, no tratamento de cada espinha, de picadas de insetos, queimaduras e verrugas. Aqui vale lembrar: nada de excessos — não use óleo demais!

Como você já sabe, para o tratamento da pele e dos cabelos, os óleos aromáticos deverão estar diluídos, na maior parte das vezes. Com essa finalidade, use somente os óleos vegetais prensados a frio, cremes para a pele agradáveis (cosméticos naturais) e, para lavar o rosto, de preferência, use água pura de poço (mineral).

Dentre os óleos vegetais para a pele e cabelos, podem ser usados os de abacate, de amêndoa-doce, de amendoim, da semente de girassol, germe de trigo (deverão ser calculados numa mistura de cerca de 10%) e óleo de jojoba. Todas as misturas deverão ser agitadas muito bem e deverão ser colocadas em repouso, a fim de que os óleos se interliguem e possam "crescer juntos".

Os óleos para o rosto devem permanecer 15 minutos na pele.

As máscaras podem ser feitas com lama medicinal, iogurte, mel, abacate, germe de trigo, em composições proporcionais na mistura desses ingredientes.

Depois da máscara, não se deve usar maquiagem, porque a pele vai querer respirar.

Sua pele e seus cabelos vão lhe agradecer pelo suave tratamento com produtos saudáveis e naturais, substâncias puras que contêm energia. Os óleos aromáticos descritos a seguir comprovaram a sua total eficácia.

Pele

Pele normal: bergamota, gerânio, camomila-romana, lavanda, néroli, rosa, pau-de-rosas, cedro.

Pele seca: gerânio, lavanda, jasmim, laranja, rosa, pau-de-rosas, ylang, cedro.

Pele oleosa: bergamota, gerânio, cânfora, lavanda, rosa, zimbro, incenso, cedro, limão, cipreste.

Pele cansada: funcho, lavanda, mirra, néroli, laranja, patchuli, rosa, vetiver, incenso, cipreste.

Pele delicada: camomila-romana, jasmim, laranja, rosa.

Pele irritada: camomila-azul, rosa.

Acne: bergamota, cajepute, gomenol, gerânio, camomila-romana, cânfora, lavanda, rosa, zimbro, *tea-tree*.

Inflamações cutâneas: camomila-azul, cenoura, gerânio, mirra, hortelã, rosa, pau-de-sândalo, hissopo, *tea-tree*.

Pele com fissuras: benjoim, gerânio, lavanda, camomila-azul, cenoura, patchuli, pau-de-sândalo, rosa.

Para regeneração das células: todos os óleos, principalmente lavanda, néroli, *tea-tree*.

Para excesso de glândulas sebáceas (pele suja-mista): limão, zimbro (bergamota é equivalente).

Contra sardas: limão, cebola.

Contra espinhas: *tea-tree* ou lavanda (colocar puro).

Para limpeza de pele: gomenol, zimbro, limão.

Para o tratamento geral: bergamota, gerânio, cânfora, lavanda, hortelã, rosa, cedro.

Como desodorante: (para os pés) benjoim, eucalipto, pinha, ou: lavanda, *Salvia sclarea*, néroli, pompelmo, patchuli, pau-de-rosas, cipreste.

Nas dermatites (infecções/doenças cutâneas): cajepute, gerânio, camomila-azul, cenoura, mirra, hortelã, pau-de-sândalo, *Salvia officinalis*, açafrão, tomilho, zimbro, hissopo, cebola, cravo, canela, eucalipto.

Contra celulite: lavanda, laranja, orégano, alecrim, zimbro, cipreste.

Contra fungos da pele: eucalipto, lavanda, *tea-tree*, alho.

Contra comichão: jasmim, camomila-romana, hortelã, cedro.

Para o tratamento das mãos (mãos ásperas, fissuras): mirra, rosa, pau-de-sândalo, limão, cebola.

Unhas dos pés e das mãos

Unhas quebradiças: limão, cebola.

Para tratamento das unhas: lavanda, pau-de-sândalo, cipreste.

Cabelos

Fortalecimento e tratamento dos cabelos: camomila-romana, *Salvia sclarea*, pau-de-rosas, *Salvia officinalis*, zimbro, limão, cipreste.

Para cabelos oleosos: bergamota, *Salvia sclarea*, zimbro, cedro, cipreste.

Contra caspa: eucalipto, alecrim.

Na queda de cabelos: alecrim, *Salvia officinalis*, zimbro, cedro, *tea-tree*.

RECEITAS GERAIS PARA O ROSTO
(base: 50 ml de óleos vegetais)

Para pele seca
10 pau-de-sândalo, 7 gerânio, 5 ylang, 3 pau-de-rosas

Para pele oleosa
15 limão, 12 cipreste, ou 10 cânfora, 10 lavanda

Para pele com acne
15 bergamota, 10 zimbro, 6 cipreste ou 10 *tea-tree*

Para pele envelhecida
15 lavanda, 5 incenso, 4 néroli, 4 rosa

Para pele irritada, com espinhas
10 camomila-azul, 5 rosa, 5 lavanda, ou
10 pau-de-sândalo, 5 camomila-azul, 5 rosa, ou
2 cravo, 1 canela, 3 camomila-azul

Contra rugas da idade e rugas de expressão
15 funcho, 5 lavanda, 5 rosa

Para pele normal
15 lavanda, 8 gerânio, 4 rosa

RECEITAS DE BANHOS A VAPOR PARA O ROSTO
(base: 1 litro de água quente)

Para pele normal
4 gerânio, 4 lavanda, 4 patchuli

Para pele gordurosa, com acne
6 zimbro, 4 limão, 4 cipreste e, após,
tratar com creme suave, óleo
e loção para o rosto

RECEITAS DE COMPRESSAS PARA O ROSTO
(base: 1 litro de água quente)

Contra acne e espinhas
2 lavanda, 1 limão ou 2 zimbro, 1 lavanda
ou 4 *tea-tree*

Para pele seca
2 rosa, 1 camomila-romana, 1 néroli

Para pele gordurosa
1 rosa, 1 pau-de-sândalo, 1 gerânio

Para pele irritada, com espinhas
2 camomila-azul, 1 rosa ou
2 hissopo, 1 mirra

Contra o envelhecimento precoce da pele
2 vetiver, 1 néroli ou 2 mirra, 1 incenso

RECEITA DE ÁGUA TONIFICANTE PARA O ROSTO

Para pele seca ou normal
50 ml de água de poço (ou mineral),
6 lavanda, 4 gerânio ou

250 ml de água de rosas,
10 ml de álcool
(álcool isopropileno),
4 rosa, 2 camomila-romana

Para pele oleosa

50 ml de água de poço (ou mineral),
6 bergamota, 4 lavanda ou
250 ml de água de rosas, 10 ml de álcool
(álcool isopropileno),
4 bergamota, 4 lavanda

Tonificante

500 ml de água mineral, 4 gerânio, 4 bergamota,
4 cipreste, 2 lavanda, 2 cedro ou
500 ml de água mineral, 10 gerânio, 8 rosa ou
500 ml de água mineral, 10 cipreste, 8 zimbro

RECEITA PARA MÁSCARAS FACIAIS
(guardar em recipiente hermeticamente fechado)

Para pele normal, seca e delicada

2 colheres de lama medicinal, 1 colher
de óleo de abacate
ou de mel, 2-3 colheres de água,
1 lavanda, 1 gerânio

Para pele com acne

2 colheres de lama medicinal, 1 colher
de iogurte natural,
2 colheres de água, 1 zimbro, 1 bergamota

Para pele envelhecida, cansada

2 colheres de lama medicinal, 1 colher de óleo de abacate ou de mel, 2 colheres de água, 1 incenso, 1 mirra

Para pele oleosa

2 colheres de lama medicinal, 1 colher de polpa de limão, 2 colheres de água ou mel, 1 cânfora, 1 zimbro

RECEITAS DE ÓLEOS/LOÇÕES PARA O CORPO (base 50 ml de óleos vegetais)

Tratamento geral

20 rosa, 5 lavanda, 40 ml de óleo de amêndoas, 10 ml de óleo de jojoba, 5 ml de óleo de germe de trigo

Para pele irritada

7 camomila, 7 rosa, 5 gerânio, 50 ml de óleo de jojoba e 5 ml de óleo de germe de trigo

Para pele cansada

7 incenso, 7 lavanda, 5 patchuli, 40 ml de óleo de amêndoas, 10 ml de óleo de jojoba, 5 ml de óleo de germe de trigo

Para pele oleosa

7 cedro, 7 cipreste, 5 incenso, 50 ml de óleo de jojoba, 5 ml de óleo de germe de trigo

Contra celulite
10 zimbro, 7 alecrim, 4 lavanda, 50 ml
de óleo de jojoba
ou 10 cipreste, 10 alecrim

Contra fraqueza do tecido conjuntivo
15 pau-de-rosas, 5 rosa, 50 ml de óleo de jojoba,
50 ml de óleo de germe de trigo

RECEITAS PARA CREMES

Você mesmo poderá preparar os cremes, desde que adquira um ótimo creme cosmético natural e a ele acrescente os óleos aromáticos correspondentes. Ou você pode experimentar, para variar, as receitas descritas a seguir:

Receita básica: creme
4 gr de cera, 15 gr de lanolina, 40 gr
de óleo de jojoba,
40 gr de água de hamamélis, 10 lavanda,
8 bergamota, 8 néroli.

Aquecer a cera, a lanolina e o óleo de jojoba em banho-maria, até derreterem. Retirar do fogo e bater em batedeira, e lentamente gotejar a água de hamamélis. Finalmente, acrescentar os óleos aromáticos, mexendo muito bem, até que a massa fique quase fria. Colocar em potes, tampar e guardar no refrigerador.

Creme de coco (para bronzeamento/tratamento)
60 ml de óleo de coco, 20 ml de óleo de amêndoas,

20 ml de água destilada, 10 lavanda, 8 bergamota, 8 néroli

Pomada para ferimentos

50 gr de vaselina, 10 bergamota ou camomila, 10 lavanda, 5 eucalipto (acrescentar os óleos e misturar muito bem)

Para tratamento das mãos

5 mirra, 5 rosa, 5 pau-de-sândalo, 50 gr de vaselina ou um bom creme oleoso para as mãos

Para tratamento das unhas

50 ml de óleo vegetal, 4 lavanda, 4 pau-de-sândalo, 4 cipreste (mergulhar por 10 minutos as pontas dos dedos na solução aquecida; pincelar as unhas dos pés)

Para unhas quebradiças

20 limão, 20 ml de óleo vegetal (massagear as unhas regularmente com a solução)

RECEITAS PARA TRATAMENTO BUCAL

Loção bucal anti-séptica

3 bergamota, 2 lavanda, 1 copo de água (misturar bem e enxaguar a boca diversas vezes)

Contra o mau hálito

2 bergamota, 1 hortelã, 1 copo de água (misturar bem e enxaguar a boca várias vezes)

Para a higiene bucal (uso prolongado)
500 ml de água destilada, 2 colheres (chá) de *brandy*, 3 hortelã, 3 tomilho, 1 mirra, 1 funcho

RECEITAS PARA OS CABELOS

Xampus

(base: 500 ml de xampu cosmético neutro. Todas as composições devem ser misturadas muito bem.)

Cabelos secos: 10 cedro
Cabelos oleosos: 10 alecrim
Cabelos normais: 10 lavanda ou camomila-romana
Queda de cabelos: 5 cedro, 3 alecrim, 3 *Salvia officinalis*, 3 zimbro
Contra caspa: 5 alecrim, 5 cedro ou 10 cedro ou 10 alecrim

Enxágüe dos cabelos

(base: 1 litro de água)

Cabelos claros: 3 camomila-romana, 1 limão
Cabelos escuros: 3 alecrim, 1 pau-de-rosas
Cabelos oleosos e caspa: 5 *Salvia sclarea*

Tratamento para fortalecer os cabelos

(base: 50 ml de óleos vegetais)

Cabelos oleosos: 8 cipreste, 8 cedro, 8 zimbro
Contra caspa: 10 eucalipto, 15 alecrim (deixar atuando por horas e depois lavar)

Cabelos normais: 10 lavanda, 10 cedro ou pau-de-rosas (deixar atuando por 20 minutos e depois lavar)

Perfumes

Os perfumes (do francês *per fume* — por meio da queima/fumaça) são originários dos antigos costumes de fumar e são conhecidos desde a época dos faraós egípcios. Até a descoberta da sintetização, os perfumes eram fabricados quase que exclusivamente de óleos aromáticos (com exceção dos fixadores). Os perfumes fabricados atualmente contêm quase só compostos sinteticamente "reconstruídos" — essências e, casualmente, óleos naturais, como o jasmim "absoluto", que até hoje não foi possível imitar totalmente.

Quem usa perfume gostaria de poder alterar a sua emanação ou talvez acentuar e modificar o seu toque pessoal. Você se sentiria melhor se estivesse envolvido em seu perfume especial, consciente de sua presença agradável e, assim, poderia conquistar uma reação positiva da parte de seus amigos.

No preparo de um perfume com óleos aromáticos, você poderá notar seus efeitos sobre si mesmo, aquilatar a percepção olfativa dos outros e, dessa forma, acertar na escolha dos óleos apropriados.

Esses perfumes puros e naturais fazem, por certo, muito mais efeito do que aqueles que contêm essências sintéticas. Seu sentido de olfato, como você sabe agora, não pode distinguir os cheiros "reconstruídos", e nem você nem as pessoas ao seu redor irão se aperceber de pequenos ou insignificantes efeitos psíquicos.

Com as essências aromáticas, você optará pelas fragrâncias puras e "reconhecíveis" que, além disso, tratarão a sua pele muito melhor, porque atuam de maneira natural.

Se você quiser preparar pessoalmente os seus perfumes, comece, de preferência, com matéria-prima em quantidades reduzidas (perfumes de marcas famosas contêm cerca de 200 essências diferentes!).

Misture a sua essência preferida (no máximo 25 a 35 gotas de óleo aromático em 10 ml de óleo vegetal) e aguarde o resultado da sua primeira mistura. Guarde-a em vidro bem tampado; você deverá esperar no mínimo uma semana, para dar tempo a que as essências se interliguem.

A fabricação de um perfume é muito simples e, misturar, melhor ainda! Compô-los, isso sim, é que é difícil. A criação de um perfume é como a composição de uma peça musical. Diversos instrumentos, isto é, as essências, resultam em música e, conseqüentemente, num espetáculo de fragrâncias. Diferenciam-se os perfumes entre o chamado de NOTA AGUDA (aquele que você sente primeiro), o de NOTA MÉDIA (o caráter do perfume) e o de NOTA BÁSICA (o perfume que você sente depois e o que permanece por maior tempo). Os de NOTA AGUDA têm vida curta; os de NOTA MÉDIA são regulares, de ligação, e os de NOTA BÁSICA são essências de evaporação bastante lenta.

Deve-se observar também a intensidade do aroma para que todos os aromas estejam na medida equivalente e exalem na mesma proporção, de forma que uma essência não se sobreponha a outra. O problema terá solução se você trabalhar com perseverança, com quantidades bem dosadas.

No capítulo "Síntese dos óleos aromáticos", são encontrados os valores de evaporação e intensidade dos óleos aromáticos usuais. Esses valores você poderá tomar como ponto de partida para as suas "criações".

A seguir, algumas sugestões:

RECEITAS PARA PERFUMES
(base: 10 ml de óleos vegetais)

Acre — Fragrância masculina
15 pau-de-sândalo, 5 cedro, 5 pau-de-rosas, 2 cidreira

Fragrância romântica
4 rosa, 4 pau-de-rosas, 4 néroli, 4 cedro

Fragrância adocicada
8 pau-de-rosas, 4 jasmim, 4 ylang,
1 baunilha, 1 bergamota

Fragrância floral
10 bergamota, 8 gerânio, 5 néroli, 5 camaradinha

Fragrância intensa
10 patchuli, 8 pau-de-sândalo, 4 ylang,
4 rosa, 4 jasmim

As essências aromáticas e a sexualidade

Nos tempos da velha Roma, espalhavam-se pétalas de rosa na cama dos noivos para estimular os sentidos. Cleópatra deve ter "dado um empurrãozinho" em suas atrações sensuais usando óleo de jasmim. Em todos os tempos e em todas as culturas, as pessoas se serviam da sedução usando fragrâncias exóticas, para se prepararem para a festa do amor.

No mundo animal, o cheiro tem papel primordial para o acasalamento e a perpetuação da espécie. O faro decide no reconhecimento do parceiro e a ocasião propícia para o acasalamento.

O sentido do olfato dos animais é muito mais bem desenvolvido do que o do ser humano; eles conseguem distinguir a distâncias enormes, não só a espécie e os animais no ponto de acasalar como, muito individualmente, "descobrir pelo cheiro o parceiro da sua escolha" entre os demais.

Nos humanos, no entanto, precisamos nos aproximar muito mais. Só assim é que poderemos saber se "poderemos cheirar" o outro. O que cheira tão agradável e atrativamente nada mais é senão a transpiração, que, além disso, também exala hormônios sexuais. Um odor atrativo e sensual é a principal condição para a simpatia, a sensualidade e o amor (veja só o que acontece após o primeiro contato com o cheiro do outro...).

Os odores do corpo tanto podem ser disfarçados por outros perfumes como também podem ser realçados. Para isso é que temos os perfumes. O mundo dos perfumes oferece um leque colorido de misturas, de fragrâncias que se destacam sobre outras mais simples, que muitas vezes contêm elementos afrodisíacos e ativam a sexualidade.

Existem alguns óleos aromáticos cujas fragrâncias excitam particularmente a sexualidade e, além disso, ainda estimulam o corpo, quando este não consegue acompanhar satisfatoriamente o desejo.

A sexualidade deve proporcionar prazer e enriquecer e embelezar a nossa vida. Deixe-nos ver, portanto, como as essências afrodisíacas podem surtir efeito sob este aspecto. Um banho afrodisíaco com o amor da nossa vida pode resultar numa verdadeira festa excitante para os sentidos. Aqui uma receita especial para um casalzinho amoroso:

8 pau-de-sândalo, 2 ylang, 1 jasmim, 2 patchuli, 1 pimenta-negra, 3 colheres (de sopa) de mel.

Os óleos afrodisíacos atuam nos seguintes pontos:

- Diretamente sobre os órgãos sexuais: segurelha, cardamomo, coentro, pinheiro, pimenta-negra, almíscar e canela.
- Influência sobre os hormônios: jasmim e pau-de-sândalo.
- *Salvia sclarea*, néroli, patchuli, rosa e ylang fazem relaxar.
- Ginseng e zimbro fortalecem os órgãos sexuais (estimulam a ereção).
- Para reduzir o apetite sexual, manjerona e lavanda.

RECEITAS AFRODISÍACAS

Lamparina aromatizadora

5 pau-de-sândalo, 2 jasmim ou
4 néroli, 2 rosa, 1 bergamota ou
4 ylang, 2 néroli, 1 bergamota ou
5 patchuli, 2 pau-de-sândalo, 2 rosa

Banho

4 ylang, 2 pau-de-sândalo, 1 pimenta-negra,
1 cardamomo ou 4 jasmim, 2 bergamota,
1 pimenta-negra ou 5 pau-de-sândalo,
1 jasmim, 3 cedro ou ylang (ele ficará mais requintado, se acrescentarmos ao banho 2 ou 3 colherinhas (de chá) de mel e um pouco de nata)

Massagem

15 pau-de-sândalo, 2 jasmim, 4 ylang, 4 rosa,
50 ml de óleo vegetal, ou
5 ylang, 5 pau-de-sândalo, 5 patchuli, 5 rosa,
5 jasmim em 50 ml de óleo vegetal

Impotência ou frigidez na maioria das vezes têm origem psíquica — isso significa que também poderão ser medicadas com essências de plantas. Como, porém, se trata de um problema extremamente complexo, você deverá, em primeiro lugar, aconselhar-se com um médico ou com um psicoterapeuta, a fim de procurar descobrir as possíveis origens desse problema. Aqui duas sugestões de receitas para você:

Para impotência, frigidez e dificuldade na ereção

Banho de assento: 8 zimbro ou ginseng, 2 pau-de-sândalo

Óleo para massagem: 20 ml de óleo vegetal, 8 zimbro, 4 pau-de-sândalo.

Mais uma "dica": coloque umas duas gotas de óleo sobre os travesseiros ou borrife as roupas de cama com um pulverizador.

Os óleos aromáticos no trato da casa e na cozinha

Com certeza, durante a leitura, você descobriu alguns nomes que já são do seu conhecimento, de uso na cozinha — óleos de ervas, temperos e frutas que, ao cozinhar, dão um toque especial ao tempero.

Com os óleos aromáticos, você terá à sua disposição um aroma concentrado com o qual poderá dar aos seus quitutes e bebidas um temperinho e sabor especiais. Aqui, volto a repetir, é importantíssimo que se trate de óleos puros, naturais.

Se você pretende usar também na cozinha estes seus amiguinhos aromatizantes, lembre-se sempre de que cada vidrinho de óleo aromático é extraído de uma porção enorme de plantas. Portanto, seja parcimoniosa na dosagem! Acrescente os óleos, de preferência após a cocção ou fritura dos alimentos, a fim de que o aroma não se perca durante o cozimento; dilua os óleos conforme já aprendeu e misture-os aos alimentos ou bebidas mais do que o usual, para que haja uma boa fusão do aroma.

Alguns exemplos em que você poderá adicionar óleos aromáticos:

- Macarronada italiana com basilicão, tomilho, orégano, *Salvia officinalis* e alho, dissolvidos em creme de leite.
- A maionese pode ser enriquecida com óleo de alho.
- Os molhos para saladas, com basilicão, salsa, alho, hortelã e limão.
- Óleos para saladas podem ser aromatizados com segurelha, basilicão, alho, salsa, hortelã e alecrim.
- Aromatizar massas para bolos com vanilina, laranja, limão.
- Enriquecer sobremesas com tangerina, laranja, *grapefruit*.
- Temperar carnes com manjericão, basilicão, pimenta-negra.
- Os molhos ficarão mais finos com basilicão, *Salvia officinalis* e manjerona.
- O molho de baunilha (use a vanilina, naturalmente).
- As verduras podem ser temperadas com segurelha, funcho, zimbro.
- As bebidas geladas ficam mais finas com o acréscimo de limão, de laranja, *grapefruit*, bergamota ou tangerina.
- Os chás de ervas podem ser aromatizados com os óleos a eles correspondentes (não se esquecer de diluir o óleo em mel).

- Chá preto combina bem com jasmim, bergamota, rosa (por exemplo: *earl grey* é um chá preto com bergamota).
- Mel com laranja, melissa, lavanda, tangerina e outros óleos também aprimoram o sabor (aquecer o mel, acrescentando a seguir o óleo).

No lugar dos duvidosos amaciantes que deixam a sua roupa ficar tão cheirosa, porém estragam os tecidos (e muitas vezes também a pele, principalmente a das crianças), você agora também poderá experimentar os resultados pingando duas gotas de óleo de lavanda no último enxágüe de sua máquina de lavar. Ou compre, da próxima vez, um detergente natural, biodegradável, para a lavagem de louças e adicione 2 gotas de óleo de limão.

Nossos óleos aromáticos, portanto, já estão fazendo parte da sua vida doméstica. Assim, abandonamos a área da terapia pelos aromas e iremos ver onde é que podem ser usadas as outras fragrâncias.

Antes de passar a roupa, você poderá borrifá-la com um pulverizador usando o aroma que mais lhe agradar. Para isso, deverá escolher óleos de "nota básica" de maior capacidade de retenção de perfume, que, além da roupa, deixarão um magnífico cheiro em seus armários durante muito tempo. Os perfumes de nota básica são, por exemplo: o âmbar, o pau-de-sândalo, a rosa, o ylang, o cedro, o jasmim, o gerânio e a lavanda. Os sachês são um conhecido e velho método para deixar um perfume gostoso nos armários e camas. Esses sachês perfumados podem ser comprados prontos ou você mesma poderá costurá-los e enchê-los com as ervas, flores ou aromas de sua preferência. Você nunca ouviu falar de saquinhos de lavanda ou do coração-de-rosas? Um coração-de-rosas é, por assim dizer, como um ursinho de pelúcia na cama de um adulto. A fragrância desse saquinho fará você adormecer depressa e suavemente.

Na sauna, você poderá, em lugar dos aromas sintéticos, de composições químicas e efeitos desconhecidos, usar óleos aromáticos puros, que atuam sobre as vias respiratórias e são refrescantes. Para esta finalidade, eu lhe recomendo: o eucalipto, o cedro, a *Salvia officinalis*, o zimbro, o pinheiro, o pinho, o limão.

Os insetos (traças, moscas, mosquitos, pernilongos) logo são afastados com óleos repelentes de insetos, colocados na lamparina aromatizadora, ou então numa bomba pulverizadora. Observe também as plantas ornamentais da sua sala, que algumas vezes são atacadas por bichinhos. Para dispersá-los, basta pulverizar uma dosagem altamente diluída com gerânio, cravo ou melissa. Até ratos e camundongos evitam ambientes que recendem a eucalipto.

Finalmente, um meio muito simples de combater a insônia e distúrbios durante o sono: pingue apenas duas gotas de néroli, manjericão (que todavia, para alguns, não é perfume), rosa ou lavanda na beiradinha do travesseiro — e durma muito bem!

Efeitos sobre a espiritualidade e os chakras

Há 6.000 anos, desde que a aromaterapia é praticada, escolas esotéricas, pesquisadores espiritualistas e, naturalmente, também os curandeiros já estudavam os efeitos dos aromas sobre a espiritualidade do homem. Eles usavam aromas para pairar num plano de existência superior, no qual "a alma da planta e a alma do homem se encontram". Sem dúvida alguma, os odores emanados das plantas falam à nossa alma e podem realmente influenciar muito uma simples mudança de ânimo.

Uma chave para o desenvolvimento contínuo da espiritualidade é a meditação. Eu mesmo costumo meditar e certifiquei-me de que determinados cheiros são repousantes, sensibilizadores e que atingem a minha alma. A descontração espiritual e corporal constitui-se no primeiro passo para a meditação, para a completa tranqüilidade do espírito e para a clarividência — da qual nós só seremos testemunhas afastados dos acontecimentos e deles emocionalmente desligados.

Existem odores que podem nos estimular para a meditação, embora aqui se questione qual será a fragrância preferida de cada pessoa. Quanto a isso, as experiências realmente são personalizadas.

Nossa espiritualidade tem algo ligado de forma intensa diretamente com os chamados chakras (centros de energia do corpo). Muitos mestres esotéricos e escolas falam dos "diversos corpos" do ser humano. Aqui não existe só o corpo físico, mas também o corpo etérico, o corpo astral e o corpo espiritual, que nos envolvem como um casaco ou casulo.

Esses corpos, invisíveis para a maioria das pessoas, envolvem cada pessoa num campo energético que pode alcançar de meio a vários metros de amplitude. O corpo etérico (ultrapassa o corpo físico cerca de três centímetros) recebe a energia vital (ki, prana) que cada um de nós necessita para viver. O corpo astral (alcança de 30 a 40 centímetros) permite-nos perceber as vibrações e disposições espirituais dos outros e vem a ser o nosso casaco emocional. O manto seguinte, o mais fino — o manto espiritual —, pode alcançar muitos metros, de acordo com o nosso desenvolvimento espiritual. Todos os corpos são uma só unidade vibratória, e como tais fluem e se interligam. Eles também são chamados de aura — um campo luminoso e colorido, que algumas pessoas conseguem ver.

Integrados nos corpos etéricos estão os chakras — os centros de energia —, os quais distribuem a energia vital no corpo. Essa energia se situa ao longo da coluna vertebral e é responsável por áreas especiais do nosso corpo físico, pelas glândulas e pelo desenvolvimento espiritual.

Se todos os sete chakras estiverem bem equilibrados, a energia distribuída será perfeita, e então estaremos energizados e com saúde. Os chakras podem ter uma função mais ou menos eficaz, resultante de ferimentos físicos ou de abalos emocionais. Os atingidos serão, naturalmente, os órgãos correspondentes, os sistemas ou uma glândula qualquer, uma parte de nossas emoções e nosso desenvolvimento espiritual.

A velha escola esotérica dos sufis recomendava os seguintes óleos para o tratamento dos diferentes corpos:

Âmbar

O "rei dos odores", simboliza a proximidade com Deus e deve ser utilizado para o chakra do coração e para os problemas cardíacos. O âmbar, como essência vegetal, é um óleo difícil de ser encontrado no seu estado puro. O âmbar tem a propriedade de ligar o portador de seu perfume ao seu corpo espiritual. Sua evaporação é bastante lenta, o que vai permitir também que você o perceba por muito tempo.

Incenso

Este óleo tem a propriedade de purificar a aura, incita uma respiração tranqüila e profunda, que provoca sentimentos de alheamento e clareza. Um bom aroma para se entrar em meditação.

Almíscar

Os sufis indicavam este aroma para problemas cardíacos, perturbações sexuais e queda de vitalidade geral (segundo chakra). Ao inalar o almíscar, contido em muitos perfumes eróticos, você irá entender por que ele pode ser um maravilhoso afrodisíaco.

Pau-de-sândalo

Este perfume era usado pelos sufis em exercícios espirituais, para amenizar os "sentimentos ásperos", o ego.

Rosa

A "mãe das fragrâncias", purifica todos os corpos e ajuda na concentração para atingir os planos superiores. Sem dúvida alguma, sabemos que o "óleo do coração" abre o coração e favorece o amor, a sinceridade e a solidariedade.

Para completar, os sufis usavam violetas e mirra para as curas gerais e para a limpeza do corpo físico. Assim como tudo o que existe, também os nossos óleos são feitos de vibrações. Essas vibrações encontram-se com outras (tais como os nossos vários corpos) e as estimulam. Por isso, por exemplo, vibrações lentas podem ficar mais aceleradas quando em contato com outras mais elevadas e rápidas.

Os óleos acima mencionados, objeto dessas vibrações, podem possibilitar-lhe vibrações muito altas, ou simplesmente conseguir-lhe a vibração pretendida, pelo simples fato de você aspirar-lhes o perfume ou de esfregá-los sobre a pele. Portanto, não prescinda dos óleos aromáticos durante seus exercícios espirituais e meditações — deixe que eles o apóiem e o ajudem a flutuar mansamente.

Veremos a seguir, e mais precisamente, os chakras e quais são os óleos aromáticos que você deverá usar para harmonizar cada um dos seus centros de energia.

Localização e nome dos chakras

7. Chakra: Coroa

6. Chakra: Terceiro Olho

5. Chakra: Garganta

4. Chakra: Coração

3. Chakra: Plexo Solar

2. Chakra: Sexo

1. Chakra: Raiz

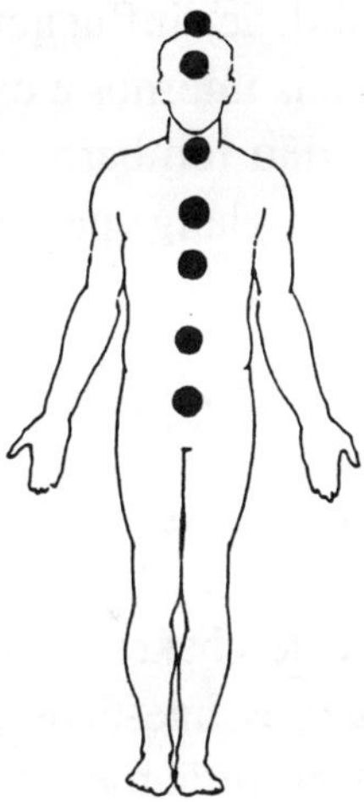

Primeiro chakra — o Chakra Raiz

Situa-se entre o ânus e a parte genital e rege os rins, a bexiga, as pernas, os pés, a parte genital, o ânus, a es-

pinha dorsal, os nervos e a pele. No chakra raiz situa-se a vontade de viver, de sobreviver e a energia "Kundalini".
Óleos: pimenta-negra, pau-de-sândalo, canela, cravo, noz-moscada.

Segundo chakra — o Chakra do Sexo

Localiza-se cerca de quatro dedos abaixo do umbigo, na linha central vertical do corpo (todos os chakras ficam nessa linha); comanda a procriação, o instinto sexual, a vitalidade, influencia as glândulas de secreção, os órgãos sexuais internos e externos, a bacia, a barriga, o osso sacro, a região lombar.
Óleos: ylang, pau-de-sândalo, ginseng.

Terceiro chakra — o Chakra do Plexo Solar

Está localizado logo abaixo do esterno; é o abrigo do ego, das emoções latentes, do egoísmo, do interesse pelo poder.
Este chakra comanda o fígado, a vesícula biliar, o estômago, os intestinos e o sistema nervoso simpático, a região lombar, o diafragma e o pâncreas.
Óleos: alecrim, limão, *Salvia officinalis*, gengibre, tomilho.

Quarto chakra — o Chakra do Coração

É encontrado na altura do coração, porém situa-se atrás dele. É responsável pelo amor, pela alegria, pela amizade,

pela solidariedade, pela conscientização comunitária. Naturalmente, comanda as funções do coração, mas também a circulação sanguínea, a parte inferior dos pulmões, do peito e o diafragma, o sistema imunológico, os nervos vegetativos e a glândula do timo.
Óleos: rosa, pau-de-rosas, *mairose* [rosa-de-maio], néroli, *petitgrain*, *Salvia sclarea*, almíscar.

Quinto chakra — o Chakra da Garganta

Situa-se na laringe e rege a criatividade, as visões, as fantasias, a comunicação, a palavra, a força de expressão. Aqui são balanceados a cabeça e o mundo dos sentidos, equilíbrio que nos dias de hoje está fazendo falta para muita gente... Ainda comanda o pescoço, a garganta, os brônquios, os pulmões, a voz, a vértebra cervical, os braços, as mãos e a glândula tireóide.
Óleos: gerânio, incenso, jasmim, patchuli, bergamota.

Sexto chakra — o Chakra do Terceiro Olho

Localiza-se no meio da testa, entre as sobrancelhas, e é o mestre das intuições, da clarividência, do intelecto, do reconhecimento, da sabedoria superior — separados do ego. O sexto chakra é como uma "terceira visão", com a qual podemos ver e perceber todas as coisas claramente. Comanda a testa, as orelhas, o nariz, a base do crânio, o sistema nervoso e a glândula pituitária.
Óleos: hortelã, cedro, zimbro, gomenol, cajepute, eucalipto.

Sétimo chakra — o Chakra da Coroa

Este chakra se encontra bem no meio da cabeça (exatamente na parte mais mole do crânio, na chamada fontanela ou simplesmente moleira — notada principalmente nos bebezinhos). É o trono da consciência superior, do poder espiritual, da ligação entre o homem e a divindade. Rege o cérebro, o sistema nervoso central, a cabeça, o córtex e a glândula pineal.
Óleos: âmbar, mirra, lavanda, rosa.

Na República Federal Alemã existem também alguns fabricantes que oferecem misturas para chakras; entre estas, algumas misturas de muito bons resultados. Pelo cheiro, você poderá reconhecer invariavelmente quais os óleos que as compõem. Na sua próxima compra, você deverá cheirar os óleos para chakras e, com certeza, encontrará exatamente aquela mistura especial que combina com você.

Os óleos para os chakras, acima citados, são uma recomendação minha, e, por isso mesmo, também uma escolha pessoal. Ao cheirar e "sentir" os óleos, você logo vai verificar qual é a fragrância ou mistura certa e que mais lhe agrada. Ninguém, corpo algum, é igual ao outro e possui idênticas vibrações. Confie na sua intuição na escolha da mistura para os seus chakras.

Ao tratar seus chakras com óleos, procure criar uma atmosfera de meditação na sua casa: tranqüilidade, meia-luz, calor e, talvez, uma melodia suave. Deite-se confortavelmente. Massageie o óleo sobre o chakra escolhido com a mão direita, e concentre-se por cerca de 30 minutos nessa parte do corpo. Querendo, você também poderá pingar algumas gotas no recipiente da sua lamparina aromatizadora para inspirar conscientemente o aroma. Agora use a sua própria força de espírito e desenhe mentalmente aquilo que você quer do seu chakra, o que ele deve fazer, ou como poderá ajudá-lo. Imagine, veja como ele se abre devagar como uma flor, como flui a energia, como estimula os órgãos que a ele correspondem, e como nesses órgãos se instala a harmonia. Seria ótimo se você pudesse fazer esse exercício todos os dias, durante uma semana, e depois, sucessivamente, ir passando para os demais chakras.

Aspectos astrológicos

Em épocas remotas, as plantas, as ervas, as árvores e as flores eram atribuídas a determinados planetas, de acordo com suas formas, cores, composições e origens. Na Idade Média, por exemplo, isso era para os médicos um importante indício — e às vezes o único — para o diagnóstico e para a medicação. A medicina astrológica relaciona cada órgão com um planeta, e estabelece uma correlação dos planetas com as plantas e os órgãos e sua compatibilidade com os signos e os elementos.

Talvez possa parecer ultrapassado quando constatamos que nos dias de hoje podemos viajar até a Lua e enviar sondas a galáxias longínquas. Mesmo assim, nem tudo no nosso sistema solar está ultrapassado ou é falso. Os aromas exercem tais poderes sobre nós da mesma maneira que reconhecemos as influências recebidas dos planetas e, respectivamente, de seus elementos.

A astrologia e a medicina chinesa trabalham ambas com os mesmos quatro elementos: Terra, Fogo, Água e Ar. Além disso, a medicina chinesa reconhece também o Metal como o quinto elemento.

Ao colocar os óleos na lamparina, no banho, ao usar como cosméticos (perfumes) com objetivos planejados, podemos contar com uma compensação se ocorrer um desequilíbrio dos elementos. Por exemplo: você tem muitos planetas no elemento Ar do seu horóscopo e sente-se realmente muitas vezes dispersivo ou "aéreo", perdendo facilmente a noção da realidade. Nesse caso, você vai precisar de um perfume terreno para readquirir o contato com a Terra.

Eu não gostaria agora de me aprofundar mais no assunto da astrologia e dos elementos, porém quero mostrar-lhe rapidamente como é que você pode aproveitar os diversos aromas para poder equilibrar os seus elementos. Vejamos agora quais as possibilidades de influência que os óleos aromáticos podem ter sobre a nossa psique e sobre os nossos pensamentos e comportamentos.

Equilíbrio dos elementos

Pouco Fogo pode provocar: carência de autoconfiança; diminuição do entusiasmo; fuga de desafios; pouca alegria de viver; falta de auto-iniciativa e de confiança.

Equilíbrio: os aromas de Fogo, como a bergamota, a mirra, o néroli, a laranja, o alecrim e o patchuli.

Muito Fogo pode levar a: excesso de atividade; desassossego e ausência de descanso; avidez por sensações; excesso de impulsividade; falta de consideração e carência de compaixão.

Equilíbrio: águas-de-cheiro como as de camomila, *grapefruit*, murta e cravo.

Água de menos pode causar: certa insensibilidade geral; nenhuma solidariedade; dificuldades relacionadas com os sentimentos alheios; pouca confiança na própria intuição (tudo precisa ter um esclarecimento racional).

Equilíbrio: águas-de-cheiro como as da camomila, da murta, do *grapefruit* e do cravo.

Água demais pode provocar: ausência de objetivos; nenhuma relação adequada entre situação/reação emocional; excesso de emotividade; recuo perante as dificuldades do dia-a-dia; fuga de desafios; excesso de carência afetiva; fortes sentimentos de compaixão; predisposição para ajudar e se sacrificar; sensibilidade muito elevada; muita espiritualidade.

Equilíbrio: aromas de Fogo, como a bergamota, o incenso, a mirra, o néroli, o jasmim, a laranja.

Terra em demasia pode causar: falta de força imaginativa; perda do poder de visualização; domínio de pensamentos práticos; trabalho e tarefas bastante sopesados; atenção maior ao *como* do que ao *por quê*; pouca alegria de viver.

Equilíbrio: aromas de Ar, como o funcho, a *Salvia sclarea*, a lavanda, o zimbro, o pau-de-sândalo.

Terra de menos pode levar a: escassa conscientização da realidade (Ar em demasia); ausência de preocupação quanto a dinheiro, a valores a receber, a alimentação, a moradia, a trabalho (aliás, a tudo aquilo de que necessitamos para viver); recusa em crescer, em ser adulto (arcar com responsabilidades); refúgio no mundo dos espíritos; desleixo quanto ao corpo; capacidade para criatividade sem limites; imaginação; alto potencial espiritual.

Equilíbrio: aromas de Terra como a rosa, o gerânio, o eucalipto, o ylang, o cipreste.

Ar em demasia pode causar: pensar e planejar demais; desejo de esclarecer e, em conseqüência, ser pouco espontâneo; falta de senso realístico — viver fazendo castelos no ar; desligar-se do aqui e do agora cotidianos; sistema nervoso em alta atividade; sensibilidade em demasia; infatigável até as últimas conseqüências (sem interrupção, sem descanso para o trabalho); bastante inovador; criativo; pensador sistemático; de boa convivência e bom trato com muitas pessoas; genialidade coordenadora.

Equilíbrio: aromas de Terra, como gerânio, rosa, ylang, cipreste, cânfora.

Menor quantidade de Ar pode causar: alta identificação com a matéria, ações, sentimentos; nenhum recuo diante das tarefas diárias; pouca receptividade para as coisas novas, inesperadas, diferentes; pensamentos e sentimentos rotineiros; intolerância; mania de criticar.

Equilíbrio: aromas de Ar como o funcho, a *Salvia sclarea*, a lavanda, o pau-de-sândalo, o zimbro e o cedro.

A ordem dos planetas

Sol	Benjoim, bergamota, mirra, néroli, patchuli, alecrim, tangerina, incenso.
Lua	Camomila.
Marte	Basilicão, pimenta-negra, estragão, *Salvia officinalis*, coentro, alho, cebola.
Vênus	Rosa, gerânio, ylang, néroli, violeta, tomilho, verbena.
Mercúrio	Funcho, lavanda, manjerona, *Salvia sclarea*, cenoura.
Saturno	Eucalipto, cânfora, cipreste, pinheiro.
Júpiter	Jasmim, melissa, vetiver, zimbro, mirra, coentro, *Salvia officinalis*, cravo, erva-doce.
Urânio	Pau-de-sândalo, cedro.

Ordem dos signos

Áries	Gengibre, alecrim.
Touro	Manjerona, tomilho.
Gêmeos	*Salvia sclarea*, verbena.
Câncer	Jasmim, hissopo, melissa.
Leão	Laranja, camomila, malmequer, angélica.
Virgem	Hortelã, funcho, laranja.
Balança	Néroli, rosa, violeta, verbena, tomilho, ylang.
Escorpião	Basilicão, coentro, estragão, alho.
Sagitário	Melissa, *Salvia officinalis*, cedro.
Capricórnio	Cipreste, pinheiro.
Aquário	Mimosa, mirra, incenso.
Peixes	Cravo, pau-de-sândalo, canela.

Esses controles encerram só alguns dos óleos descritos neste livro, uma vez que nem todas as plantas, tanto antigamente como agora, estão ou deveriam estar na ordem dos planetas. Existe, além disso, alguma confusão entre as diversas publicações sobre o assunto quanto à ordenação, de maneira que eu gostaria de aconselhá-lo, mais uma vez, a contar mesmo é com o seu próprio olfato.

A ordem combinada deverá servir tão-somente de apoio na escolha da fragrância correta. Além disso, as lojas especializadas costumam oferecer os produtos apropriados combinando signos e óleos para os planetas regentes — cujas misturas, entretanto, raramente são divulgadas.

Cheire, sinta e decida você mesmo quais os perfumes que servem para você.

Síntese dos óleos aromáticos

Valores de evaporação

(até agora conhecidos)

Evaporação rápida
Bergamota, eucalipto, *grapefruit*, camomila, manjerona, pompelmo, poejo, alecrim, pau-de-rosas, verbena, zimbro e limão.
Evaporação média
Erva-doce, basilicão, camaradinha, funcho, cardamomo, coentro, pinheiro (*Pinus mugho furra*), tangerina, noz-moscada, gomenol, laranja, hortelã, pinho, cravo, *petitgrain*, *Salvia officinalis*, pimenta-negra, tomilho, incenso, hissopo, cipreste.
Evaporação lenta
Basilicão, benjoim, gerânio, jasmim, lavanda, erva-cidreira, *Salvia sclarea*, mirra, rosa, pau-de-sândalo, baunilha, incenso, ylang, cedro.

Intensidades das fragrâncias
(até agora conhecidas)

Suave
Benjoim, bergamota, camaradinha, funcho, *grapefruit*, cânfora, lavanda, manjerona, tangerina, melissa, murta, *petitgrain*, pinho, pau-de-rosas, vetiver, cedro, pinheiro (*Pinus cembra*), cebola, cipreste.
Média
Angélica, anis, cajepute, gerânio, gengibre, alho, pinheiro (*Pinus mugho furra*), erva-cidreira, manjerona, *Salvia sclarea*, cravo, néroli, laranja, orégano, patchuli, poejo, rosa, alecrim, *Salvia officinalis*, pau-de-sândalo, tomilho, verbena, zimbro, ylang, hissopo, limão.
Forte
Basilicão, eucalipto, jasmim, camomila, cardamomo, coentro, noz-moscada, mirra, cravo, gomenol, hortelã, pimenta-negra, baunilha, incenso, canela.

Quantidades recomendadas

1 ml = 1 gr = 20-25 gotas, dependendo da consistência do óleo e das gotas;

Solução a 1% em 50 ml de óleo de plantas = 10-15 gotas de óleos aromáticos.

Banhos: 6-10 gotas

Óleo de massagem: solução a 1-2% = 15-30 gotas em 50 ml de óleos vegetais.

Óleos para a cura: solução a 3% = 40 gotas em 50 ml de óleos vegetais.

Inalação: máximo de 10 gotas em 2 litros de água.

Compressas: máximo de 5 gotas em 1 litro de água.

Via oral: máximo de 3 gotas, 3 vezes ao dia.

Lamparina aromatizadora: de 6 a 20 gotas.

Óleos aromáticos usuais e comercializados, em ordem alfabética

Neste capítulo estão descritos em ordem alfabética os óleos aromáticos mais comumente usados e comercializados. Em primeiro plano, interessam-nos os óleos mais utilizados e importantes e, em menor grau, aqueles que só raramente são usados.

Na seqüência, você encontrará a descrição do óleo, seu nome botânico, a sua origem, de qual parte da planta é extraído, suas peculiaridades, sua aplicação para o corpo em geral, para a pele e os cabelos (tratamento e cura), para as partes emocional e espiritual, e, finalmente, referências a contra-indicações, posologia, dosagens e outras modalidades de aplicação.

Você irá se certificar de que alguns dos óleos têm um vasto leque de aplicação. Trato aqui de óleos universais, que abrangem muitas indicações. Em outros óleos, as propriedades de aplicação são muito menores.

Se você for um iniciante na arte da aromaterapia e um simples pesquisador no mundo das incríveis fragrâncias, eu lhe recomendo, em primeiro lugar, que encontre onde comprar os óleos aromáticos, ou seja, uma loja ou fabricante que esteja em condições de lhe fornecer, com garantia, óleos aromáticos puros. Aproveite a possibilidade de conhecer os produtos fornecidos por diversos fabricantes nas lojas de cosméticos naturais, compare-os e investigue, "segundo o seu instinto", os que lhe darão aquele toque pessoal.

Sua estréia poderá principiar simplesmente pela lamparina aromatizadora e por certos óleos de uso variado, e que particularmente dão aquele toque prazeroso. A estes, por exemplo, correspondem a lavanda, o alecrim, o zimbro, o eucalipto, a bergamota, o gerânio, o pau-de-sândalo, o limão e a hortelã.

Açafrão
(Ocotea cymbarum)

Das raízes e da casca da planta. **Propriedades**: estimulante e fortificante em geral, sudorífico. **Aplicações**: fraqueza do corpo, gases, reumatismo, gota, menstruação (estimulante, analgésico), sífilis, febre, convalescença. **Pele**: para doenças em geral e irritações cutâneas. **Emocional/Mental**: esgotamento, inapetência, dificuldade de concentração. **Nota**: contra-indicado durante a gestação; pode ocasionar irritação cutânea em peles sensíveis.

Alecrim
(Rosmarinus officinalis)

Das flores da planta. **Propriedades**: *em geral, estimulante; fortalece e ativa os nervos, aquece*, ativa os músculos, anti-séptico, antiespasmódico, fortalece os tecidos, fortalece e auxilia o coração, estimula a digestão, favorece a transpiração, estimula as vias urinárias (diurético), atenua as dores, aumenta a pressão arterial. **Aplicações**: olhos embaçados, dores de cabeça, enxaqueca, gripe, resfriados, tosse, coqueluche, bronquite, asma, batidas cardíacas irregulares, coração fraco, perturbações digestivas, gases, disenteria, inflamações do intestino grosso, pedras e inflamação da vesícula, inflamações do fígado, icterícia, pressão arterial baixa, colesterol (baixa o nível), doenças nervosas, reumatismo, gota, fraqueza do corpo em geral. **Pele/Cabelos**: queda de cabelos, caspa, tratamento dos cabelos e renovação da cor dos cabelos castanho-escuros, cicatrização (ferimentos), tratamento geral da pele, sarna, celulite. **Emocional/Mental**: esgotamento mental (estimulador), fraqueza mental, indolência, preguiça, falta de ânimo. **Observações**: não usar no banho, à noite; estimulante; aquece, nos óleos para banho; não usar para pressão arterial alta.

Alho

(Allium sativum)

Do bulbo. **Propriedades**: *anti-séptico, antibactericida, purificador do sangue, desintoxicante, elimina fungos*, antiespasmódico, reduz a pressão sanguínea, fortalece o coração, limpa os intestinos, estimula o apetite. **Aplicações**: fraqueza geral, infecções, resfriados, bronquite, asma, digestão difícil, gases, falta de apetite, vermes, debilidade na circulação sanguínea, pedras renais, secreção urinária (aumenta), infecções da bexiga, diminui o colesterol, reumatismo, gota, artrite, gonorréia, câncer, Aids (!). **Pele**: calos, verrugas, calosidades, abscessos, arranhões, espinhas, picadas de insetos. **Observações**: o óleo de alho é um dos mais eficazes óleos aromáticos contra bactérias, vírus e fungos; é testado no tratamento contra a AIDS (doenças infecciosas seqüenciais).

Almíscar

(Abelmoschus moschatus, Hibiscus abelmoschus)

Das sementes da planta. É usado na fabricação de perfumes, cremes, sabonetes e loções. Muito afrodisíaco; odor forte.

Âmbar

(Liquidambar orientalis)

Da casca, da resina da árvore. **Propriedades**: harmoniza o corpo eletromagneticamente; "levita" o coração e a alma; "limpa" a aura. **Aplicações**: desassossego interior, meditação, fixador para perfumes e óleos para o corpo. **Indicações**: muito raramente são encontrados puros o óleo ou a pedra de âmbar. Na maior parte das vezes, são misturas provenientes de diversos produtos.

Angélica (Raiz de)

(Angelica archangelica)

Da raiz, mas também obtido das folhas e sementes. **Propriedades**: bom para o estômago, estimula a digestão, libera a secreção de muco, fortalece as defesas do organismo, elimina fungos, é antibactericida. **Aplicações**: problemas digestivos, todas as doenças infecto-contagiosas, nervosismo.

Anis
(Pimpinella anisum)

Da planta e sementes. **Propriedades**: estimulante em geral, elimina cãibras, atua favoravelmente sobre o estômago. **Aplicações**: enxaquecas, tonturas, digestão difícil, gases, vômitos, menstruação (analgésico), cólicas, asma, tosse e muito provavelmente bom contra impotência/frigidez. **Indicações**: utilização na lamparina aromatizadora, porém em quantidades pequenas e nem muito repetidas, porque, nesse caso, irrita o estômago, pode atuar como narcótico, afetar os rins e a massa encefálica.

Arnica
(Arnica montana)

Das raízes e flores. **Propriedades**: ativador geral, estimula a secreção urinária, desodorante, ótimo para tratamentos de pele. **Aplicações**: peles rachadas e ásperas; celulite; desodorante.

Basilicão
(Ocimum basilicum)

Da planta inteira. **Propriedades**: atenua os espasmos, ajuda na digestão, fortalece os nervos, tonificante, favorece a menstruação, anti-séptico, expectorante, sonífero, relaxante. **Aplicações**: bronquite, coqueluche, resfriados, gripe, febre, problemas digestivos, náuseas, vômitos, menstruação (favorece), nervosismo. **Pele/cabelos**: flexibilidade e maciez da pele. **Emocional/mental**: esgotamento mental, regeneração das forças mentais, raciocínio claro, depressão, medos, indiferença, síndrome pré-menstrual, insônia. **Nota**: pode irritar peles sensíveis e causar sensação de quente/frio durante o banho; contra-indicado durante a gravidez; afasta os insetos.

Benjoim
(Styrax benzoin)

Da resina da árvore de nome Storax. **Propriedades**: expectorante, anti-séptico, combate cãibras/espasmos, estimula a secreção urinária, fortalece o coração. **Aplicações**: resfriados, tosse, bronquite, asma, doenças das vias urinárias, infecções de órgãos sexuais, cólicas, gota, artrite, gonorréia, leucorréia (corrimento vaginal branco), espermatorréia (ejaculação com ausência de ereção). **Pele/cabelos**: feridas, irritações cutâneas, inflamações, abscessos; desodorante; esgotamento emocional, agitação, tristeza.

Bergamota
(Citrus auranthium)

Da casca da laranja azeda. **Propriedades**: reduz as dores, anti-séptico, estimula o moral, alivia as cãibras/espasmos, estimula a digestão, expectorante. **Aplicações**: infecções das vias respiratórias, infecções das amígdalas, infecções bucais, incômodos digestivos, cólicas, gases, infecção das vias urinárias, pedras renais, febre, gonorréia, leucorréia, herpes tipos I e II, comichão vaginal, verminose, tensão nervosa. **Pele/cabelos**: tratamentos da pele, abscessos, acne, eczemas, coceiras, varizes, cicatrização, úlceras, cicatrizes; desodorante, bronzeador, combate o mau hálito. **Emocional/mental**: depressão, medo, estafa, síndrome pré-menstrual, insônia; influência positiva e suave, fornece confiança. **Observações**: muito apropriado para banhos, óleos para o corpo e massagens; para aromatizar o chá (*earl grey*).

Cajepute

(Melaleuca leucondendron)

Óleo extraído das folhas e hastes da árvore "melaleuca leucondendron". **Propriedades**: anti-séptico, expectorante, antibactericida, acalma as dores, elimina os gases, estimulante. **Aplicações**: infecção das vias respiratórias, resfriados, catarro, sinusite, dores de cabeça, de dentes, dor de garganta, artrite, dores musculares, úlceras, cansaço em geral. **Pele/cabelos**: infecções cutâneas, queda de cabelos, tratamento da calvície. **Emocional/mental**: perda da alegria, apatia, esgotamento mental; é muito estimulante. **Nota**: irritante para peles sensíveis; em lugar do cajepute, pode-se usar o gomenol (*Melaleuca viridiflora*).

Camaradinha

(Lippia citriodora, Cymbopogon citratus)

Das flores e folhas do arbusto. **Propriedades**: auxiliar da concentração, estimula levemente a euforia, fortificante estomacal. **Aplicações**: resfriados, gripe, falta de apetite, estômago delicado. **Emocional/mental**: cansaço mental, dificuldade de concentração, desânimo, depressão. **Nota**: aroma refrescante e estimulante — ótimo para aqueles que forçam o cérebro no trabalho.

Camomila

(alemã, azul: Matricaria chamomilla;
romana, amarela: Anthemis nobilis;
marroquina: Ormenis mixta)

Das flores e de toda a planta. **Propriedades**: *combate infecções, eficaz para o estômago, antiespasmódico*, acalma as dores, diurético, reduz as febres, tonificante, tranqüilizante, relaxante, estimula a menstruação. **Aplicações**: inflamações da membrana conjuntiva, terçóis, olhos cansados e irritados, dores da cabeça, dores de dentes, dores de ouvidos, enxaquecas, dores nevrálgicas, digestão difícil, gastrite, cólicas estomacais e intestinais, disenteria, vômitos, indisposição do estômago — dores, gases, cólicas menstruais, infecção renal, pedras renais, corrimento vaginal, icterícia, verminose, reumatismo, febre, anemia, nervosismo. **Pele/cabelos**: infecções cutâneas, dores cutâneas, acne, queimaduras e cortes; curativa para feridas em geral; cicatrizante nas erupções cutâneas; tratamento capilar: clareia ainda mais os cabelos aloirados. **Emocional/mental**:

depressão, estafa, insônia; o aroma se insinua suave e equilibradamente; favorece o descanso do corpo e do espírito. **Observações**: óleo para crianças, com efeito delicado; ótimo para tranqüilizar; excelente em todos os óleos para massagens e banhos; a cara camomila-azul, alemã, é especialmente indicada para o tratamento da cútis e para infecções cutâneas. Sua aparência é azulada, o que deu origem ao seu nome.

Canela

(Cinnamomum ceylanicum)

Da casca ou das folhas da árvore. **Propriedades**: *forte anti-séptico, combate a inaptidão* (preguiça), afrodisíaco, estanca o sangue, estimula a circulação sanguínea, antiespasmódico. **Aplicações**: fraqueza no corpo em geral, resfriados, gripe, tosse, bronquite, perturbações digestivas, fraqueza do estômago, gases, disenteria, cólicas intestinais, intestino preguiçoso, menstruação (fraca, e no caso de elevada perda sanguínea), hemorragias, impotência/frigidez. **Pele/cabelos**: sarna, piolhos. **Nota**: contra-indicado durante a gravidez; tóxico — use só doses pequenas; é um bom purificador do ar (misturar com bergamota).

Cânfora

(Cinnamomum camphora)

Extraída da seiva da árvore. **Propriedades**: *fortalece e estimula o coração, estimula o sistema respiratório e circulatório, tranqüilizante em geral e estimulador, refres-*

ca e aquece, anti-séptico, reduz as dores, elimina cãibras, eleva a pressão arterial, diminui gases e transpiração, é diurético. **Aplicações**: fraqueza em geral, coração debilitado, problemas cardíacos, males psicossomáticos, perturbações nervosas, bronquite, resfriados, febre, pneumonia, desarranjos estomacais e intestinais, vômitos, reumatismo, gota, infecções causadas por fungos, pruridos nas regiões genitais, estimulante da secreção renal. **Pele**: aquece e resfria a pele conforme a temperatura ambiente esteja fria ou quente, ferimentos, queimaduras, acne, abscessos, contusões, pancadas, tratamento geral da pele. **Emocional/mental**: estimulador nos casos depressivos, tranqüilizante para estados de agitação, favorece o sono. **Observações**: dosagens muito altas têm efeito tóxico; contra-indicado na gravidez e na epilepsia; irritante para peles sensíveis: a pele fica avermelhada quando a dosagem é elevada.

Cardamomo

(Elettaria cardamomum)

Das sementes da planta. **Propriedades**: *regulador e estimulador digestivo, fortalece o estômago*, tonificante, anti-séptico, anticonvulsivo, afrodisíaco, diurético, bom para a cabeça. **Aplicações**: digestão difícil, falta de apetite, estômago fraco, azia, ânsias de vômito, gases, cólicas, espasmos, dores no baixo-ventre, fraqueza geral, tosse. **Emocional/mental**: esgotamento mental, descontrole elevado ("esclarece" o espírito); libido enfraquecida. **Nota**: irritante em peles sensíveis; óleo para banhos, refrescante e estimulador; odor quente e adocicado.

Cebola

(Allium cepa)

Do bulbo da planta. **Propriedades**: *estimulante em geral, anti-séptico, diurético, baixa o teor de açúcar do sangue*, expectorante, tratamentos da pele, diurético, fortalece os nervos. **Aplicações**: fraqueza do corpo em geral, perturbações do metabolismo, retenção de líquidos no organismo, enxaqueca, infecção das vias respiratórias, gripe, indisposições digestivas, vermes, diarréia, indisposições glandulares, infecções das vias urinárias, arteriosclerose, doenças da próstata, infecção nos vasos linfáticos (obstruções), quadro elevado de açúcar no sangue (diabete), reumatismo, artrite, pedras nos rins, envelhecimento precoce. **Pele**: infecções cutâneas em geral, abscessos, furúnculos, verrugas, sardas, infecções na raiz das unhas, picadas de insetos. **Emocional/mental**: esgotamento mental. **Observação**: ótimo contra os insetos.

Cedro

(Cedrus atlantica)

Das folhas, galhos e madeira da árvore. **Propriedades**: *tratamento cutâneo, expectorante, efeitos sobre a bexiga*, diurético, anti-séptico, calmante. **Aplicações**: coriza, bronquite, infecções e dores da bexiga, nefrite, gonorréia. **Pele/cabelos**: para o tratamento geral da pele, infecções cutâneas, acne, eczemas; tratamento dos cabelos, cabelos oleosos, caspa. **Emocional/mental**: depressão, medos.

Observações: contra-indicado na gestação; pode provocar irritação cutânea quando usado em doses elevadas; inimigo de insetos (traças). O óleo de cedro tem um perfume agradável de madeira, e é usado preferencialmente nos perfumes masculinos.

Cenoura

(Daucus carota)

Das sementes. **Propriedades**: tonificante, purificador interno, nutriente, trata da pele. **Aplicações**: infecções do fígado e vesícula (fortalece), menstruação (estimulante, reduz as dores). **Pele**: tratamento para pele muito seca ou oleosa, alimenta a cútis por meio da vitamina A, bronzeia através do caroteno, trata a acne. **Emocional/mental**: superexcitamento, nervosismo. **Nota**: contra-indicado durante a gravidez.

Cipreste

(Cupressus sempervirens)

Das folhas e das pinhas da árvore. **Propriedades**: *estanca o sangue, age sobre o útero, vasoconstritor*, combate a transpiração (desodorante), atua sobre o fígado, antiespasmódico, combate as dores, tranqüilizante. **Aplicações**: sangramentos da gengiva, asma, coqueluche, tosse espasmódica, tosse acompanhada de sangramento, gripe, diarréia, doenças do fígado, menstruação (longa, de sangramento forte), climatério, espasmos, reumatismo, hemorróidas, enurese, processos purulentos. **Pele**: tratamento da pele oleosa, varizes, celulite, forte produção exsudativa (suor). **Emocional/mental**: nervosismo, desassossego, irritabilidade. **Nota**: relaxante e refrescante óleo para banhos; bom contra os insetos.

Citronela
(Cymbopogon nardus)

Da grama. **Propriedades**: estimulante em geral; refrescante, mata os fungos, antibactericida. **Aplicações**: reumatismo (óleo de massagem), infecções provocadas por fungos; refrescante/renovador do ar. **Nota**: inimigo dos insetos (mosquitos), afasta gatos e ratos; pode provocar alergia.

Coentro
(Coriandrum sativum)

Dos frutos da planta. **Propriedades**: *estimulante em geral, fortalece o estômago, estimulante do apetite, digestivo*, antiespasmódico, reduz as dores, aquece suavemente, afrodisíaco. **Aplicações**: problemas digestivos, cólicas estomacais e intestinais, gases, falta de apetite, dores nevrálgicas, reumatismo, impotência/frigidez. **Emocional/mental**: esgotamento nervoso e mental, afrodisíaco (desperta o apetite sexual "adormecido"). **Nota**: aroma quente da fruta; aquece e estimula, bom para o banho no inverno.

Cominho
(Carum carvi)

Dos frutos e folhas da planta. **Propriedades**: *estimulante geral, fortalece o estômago*, antiespasmódico, diurético, estimula a menstruação. **Aplicações**: perturbações digestivas de fundo nervoso, cólicas estomacais, gases, falta de apetite, soluço, prisão de ventre, intestino preguiçoso, taquicardia e sopro cardíaco, menstruação (estimulante, reduz a dor).

Cominho-dos-prados
(Cuminum cyminum)

Da semente da planta. **Propriedades**: *estimulante digestivo, fortalece o estômago*, debela cãibras e espasmos, estimulante do apetite. **Aplicações**: indisposição estomacal, cólicas estomacais e intestinais, gases, diarréia, fraqueza cardíaca e circulação deficiente. **Observação**: parente do coentro, faz parte integrante do conhecido *curry*.

Cravo-da-índia
(Suzygium aromaticum)

Dos botões e folhas da árvore que produz o cravo. **Propriedades**: *altamente anti-séptico, repelente de insetos*, em geral estimulante corpóreo e espiritual, antiespasmódico, acalma as dores. **Aplicações**: dores de dentes, inflamação da gengiva, convalescença, menstruação (ausência de), perturbações digestivas, disenteria, gases, riscos de contaminação. **Pele**: verrugas, calosidades, descamação da pele, pequenos arranhões, câncer de pele, sarna, feridas purulentas, picadas de insetos. **Emocional/mental**: esgotamento mental, fraqueza da capacidade de concentração. **Observações**: tóxico e corrosivo (por isso, deve ser aplicado em doses mínimas); desinfetante poderoso e forte e um bom purificador do ar (lamparina aromatizadora, pulverizador); um aroma que aquece e é relaxante para as noites de inverno. Misture: noz-moscada, cravo e canela na lamparina aromatizadora.

Erva-cidreira
(Cymbopogam citratus)

Das folhas da planta. **Propriedades:** Anti-séptico, estimulante, desodorante, refrescante. **Aplicações**: resfriados, gripe, dores de cabeça, enxaqueca, dores de estômago, reumatismo. **Emocional/mental**: dificuldade de concentração, dispersão, esgotamento mental, letargia, negativismo. **Observações**: possivelmente pode ocasionar irritação em peles sensíveis; óleo para os "intelectuais"; bom purificador do ar.

Estragão
(Artemisia dracunculus)

Da planta toda. **Propriedades**: *fortificante estomacal, auxiliar digestivo, combate espasmos/convulsões*, anti-séptico, estimulante do apetite, estimulante menstrual. **Aplicações**: perturbações digestivas, gases, soluços, distonia vegetativa, verminose, reumatismo, câncer, menstruação (falta, escassa).

Eucalipto

(Eukalyptus globulus)

Das folhas da árvore. **Propriedades**: *altamente anti-séptico, expectorante, baixa a febre*, contra espasmos e convulsões, reduz a taxa de açúcar no sangue, purifica o sangue, fortificante estomacal, estimulante geral. **Aplicações**: resfriados, bronquite, asma, gripe, sinusite, inflamação da garganta, perturbações digestivas, pedras nos rins, enxaqueca, febre, herpes I, leucorréia e gonorréia, reumatismo, escarlatina, hemorragias, pressão alta. **Pele**: cicatrização, bolhas, ulcerações. **Emocional/mental**: estimulante da concentração, dá uma sensação de amplitude. **Observações**: pode irritar peles muito sensíveis e, por isso mesmo, no banho deve ser dosado com parcimônia; um ótimo purificador e desinfetante, tanto do ar como da água; e inimigo dos insetos: espanta-os de cozinhas, sótãos e porões.

Funcho

(Foeniculum vulgare dulce)

Das sementes, folhas e raízes da planta. **Propriedades**: *auxiliar digestivo, fortificante estomacal, elimina gases*, anti-séptico, contra espasmos, diurético, estimulante da glândulas mamárias, desintoxicante, laxante, controlador do apetite, estimulante menstrual. **Aplicações**: problemas digestivos, gases, constipação intestinal, soluços, ânsias de vômito, pedras renais, cólicas, menstruação (estimula), fortalece baço e fígado, menopausa, desintoxicante (intoxicação alcoólica). **Pele**: celulite. **Lado emocional**: atua suavemente, é agradável e despreocupante. **Nota**: age com suavidade, aplaca a sensação de fome, ótimo para regimes e dietas.

Gengibre

(Zingiber officinale)

Da raiz da planta. **Propriedades**: *anti-séptico, aquece, estimula*, é afrodisíaco, antiespasmódico, anticatarral, fortalece o estômago, baixa a febre, estimula o apetite. **Aplicações**: resfriados, gripe, dores de garganta, angina, febre, cólicas estomacais, disenteria, gases, digestão difícil, falta de apetite, dores musculares, cansaço muscular, artrite, reumatismo, torções musculares, desmaios, possivelmente impotência/frigidez. **Emocional/mental**: o aroma favorece o **esteticismo** (clarividência). **Observações**: impede a oxidação de alimentos; aroma adocicado, refrescante.

Gerânio

(Pelargonium graveolens)

Das folhas e hastes da planta. **Propriedades**: *fortalece os nervos, tranqüilizante, equilibrador hormonal*, tratamento cutâneo, analgésico, anti-séptico, tonificante, diurético, fortalece os tecidos, estanca o sangue, cicatrizante. **Aplicações**: diabete, disenteria, catarro estomacal ou intestinal, icterícia, pedras renais, erisipela, úlceras internas, inflamações de mucosa bucal, língua e membranas conjuntivas, nevralgias (faces), distúrbios hormonais (menopausa), distúrbios durante a gravidez. **Pele**: tratamento da pele, inflamações cutâneas, eczemas, ulcerações, ferimentos, cicatrização, pele gordurosa, sangramentos, tonificante. **Emocional/mental**: depressões, medos, atua harmoniosamente e age suave e agradavelmente. **Observações**: muito apropriado para massagens, banhos, óleos para o corpo; é repelente a insetos. Pode provocar alergia.

Ginseng

(Panax ginseng)

Extraído da raiz da planta. **Propriedades**: fortificante em geral, diminui a taxa glicêmica do sangue, regulador menstrual, tem efeitos estrogênicos. **Aplicações**: fraqueza mental e do corpo, convalescença, reduz o açúcar no sangue, esgotamento sexual/fraqueza, menstruação irregular, perturbações da circulação sanguínea.

Gomenol

(Melaleuca viridiflora)

Óleo extraído das folhas tenras e hastes da árvore "melaleuca viridiflora". **Propriedades**: *anti-séptico, antibactericida, expectorante*, combate as infecções. **Aplicações**: para todas as infecções (especialmente nas vias respiratórias). **Pele**: assepsia cutânea, assepsia de ferimentos, queimaduras, acne, furúnculos. **Emocional/mental**: dispersibilidade, desânimo, letargia. **Observação**: assemelha-se ao cajepute e ao *tea-tree*, porém a pele o suporta melhor, mas não se presta a tantas aplicações como o *tea-tree*.

Grapefruit

(Citrus maxima)

Da casca e das sementes da fruta. **Propriedades**: *relaxante*, antibactericida, estimulador do apetite, atua como antidepressivo. **Aplicações**: vesícula biliar fraca, doenças da bexiga, falta de apetite. **Pele**: herpes, problemas cutâneos. **Emocional/mental**: depressões, medos, negativismo. **Nota**: finíssimo aroma cítrico, muito bom para evitar os cheiros da cozinha; é o complemento ideal para todas as misturas cosméticas — prolonga a vida do cosmético.

Hissopo

(Hyssopus officinalis)

Dos botões das flores do arbusto. **Propriedades**: *regulador da pressão arterial, fortificante em geral, expectorante, eficaz para os pulmões*, fortalece os nervos, estimulante, antiséptico, antiespasmódico (cãibras), baixa a febre, fortalece o estômago, estimula a secreção urinária. **Aplicações**: resfriados, coriza, asma, gripe, bronquite, coqueluche, dispnéia, tuberculose, infecções da garganta e boca, otites, febres, dificuldades digestivas, vermes, gases, falta de apetite, leucorréia, perturbações da circulação sanguínea, variações da pressão arterial, menstruação (ausência), convalescença. **Pele**: infecções cutâneas, feridas, escoriações, hematomas, esmagamentos, eczemas, herpes I. **Emocional/mental**: esgotamento mental, fraqueza de concentração. **Nota**: é contra-indicado durante a gestação. Um medicamento poderoso para o combate aos resfriados; bom para purificar o ar; não deve ser usado por epilépticos; dosagens pequenas.

Hortelã

(Mentha piperita)

De toda a planta. **Propriedades**: *alivia as dores, baixa a febre, anti-séptico, expectorante, fortalece o estômago e os tecidos*, combate as infecções, os gases e a transpiração, favorece a menstruação, é desintoxicante, produz efeitos saudáveis sobre a vesícula e o fígado. **Aplicações**: tonturas, desmaios, choques, tremores, dores de cabeça, enxaqueca, dores nevrálgicas, paralisias momentâneas, dores de dentes, resfriados, gripe, bronquite, asma, tosse, febre, sinusite, perturbações digestivas, diarréia, cólicas, enjôos, vômitos, verminose, pedras da vesícula, batimentos cardíacos irregulares (de origem nervosa), menstruação (fraca, dolorida), indisposições durante a gestação, enjôos durante viagens. **Pele**: acne, limpeza, infecções cutâneas, comichões, sarna; ótimo tônico para a pele, limpa e refresca as vias respiratórias. **Emocional/mental**: esgotamento e perturbações mentais, choques, insônia (dose alta), incapacidade de decisão. **Observações**: age refrescando, se acrescido aos banhos ou aos óleos para o corpo;

dosar com cuidado os efeitos quente-frio-quente no banho; inimigo de insetos, repele animais daninhos, como camundongos e ratos (combinar com eucalipto).

Hortelã-pimenta

(Mentha aquatica/spicata)

Das folhas da planta. **Propriedades**: semelhantes às do óleo de hortelã. **Aplicações**: as mesmas do óleo de hortelã; a hortelã-pimenta é, porém, mais delicada e não tão irritante para a pele, fornecendo um óleo muito bom para banhos, massagens e para aromatizar bebidas.

Incenso

(Boswellia thurifera)

Da resina da árvore. **Propriedades:** *desanuvia a mente, tratamento da pele, efeitos sobre o útero*, vasoconstritor, anti-séptico, adstringente, calmante, favorece a digestão, diurético. **Aplicações**: bronquite, tosse, coriza, perturbações digestivas, infecção das vias urinárias, bexiga, rins, doenças uterinas, sangramentos, leucorréia, gonorréia, espermatorréia, menstruação (longa, sangramento intenso). **Pele**: tratamento da pele envelhecida, cansada (rejuvenescedor), renovação das células, cicatrizante de ferimentos. **Emocional/mental**: medos, preocupações, desassossego, desorientação, reações intempestivas. **Nota**: contra-indicado durante a gravidez.

Jasmim

(Jasminum officinale)

Das flores. **Propriedades**: age como *antidepressivo, afrodisíaco, tonificante*, anti-séptico, antiespasmódico, tranqüilizante, estimula a secreção láctea. **Aplicações**: dores de cabeça, tosse, rouquidão, amamentação (pouco leite), doenças uterinas, menstruação (estimulante, amaina cólicas), próstata, gonorréia, parto, impotência/frigidez, nervosismo. **Pele**: inflamações cutâneas, pele seca, sensível. **Emocional/mental**: depressão, medos, fobias, esgotamento nervoso, apatia, síndrome pré-menstrual, estimula o apetite sexual; o aroma se insinua suavemente e entusiasma, causando uma sensação de amplitude interior; provoca fantasias/visualizações. **Nota**: é um óleo importante para as mulheres/mães. Em virtude de seu maravilhoso cheiro, bom para todos os perfumes, massagens e misturas para banho; um dos óleos mais caros e preciosos.

Laranja

(Citrus vulgaris auranticum)

Da casca da laranja. **Propriedades**: *calmante, é antidepressivo, antiespasmódico, indicado no tratamento cutâneo*. **Aplicações**: perturbações digestivas, gases, cólicas estomacais/intestinais, diarréia, paradontia. **Pele**: tratamento geral, celulite. **Emocional/mental**: depressões, medos, inclinações negativas e irritadiças, desassossego. **Nota**: bom óleo para crianças (efeito suave, uma fragrância feliz para dias ensolarados); purifica o ar (cheiros de cozinha); assemelha-se ao néroli, porém é mais barato.

Lavanda

(Lavandula officialis, vera, hybrida)

Dos brotos florais da planta. **Propriedades**: *tranqüilizante, energizante para os nervos, regulador cardíaco, reduz dores, tratamento da pele*, anti-séptico, antiespasmódico, diurético, estimula a transpiração, tonificante, estimula e fortalece a vesícula, desintoxicante, desodorante, afrodisíaco suave. **Aplicações**: inflamações dos olhos, inflamações da membrana conjuntiva, dores de cabeça e de ouvido (dores de cabeça febris), enxaqueca, asma, bronquite, coqueluche, gripe, laringite, inflamações da garganta, taquicardia, distúrbios gástricos, gases, disenteria, ânsias de vômito, pedras da vesícula, menstruação (reduz as dores, controla espasmos), catarro na bexiga, gonorréia, leucorréia, pressão sanguínea alta, cólicas, reumatismo, dores musculares, distensões, contusões, leucocitose, envenenamento (alimentação), processos infecciosos (com pus), insolação, distúrbios na gravidez, nervosismo. **Pele**: tratamentos (todos os tipos), renovação das células, tonificante cutâneo, abscessos, acne, fístulas, eczemas, ulcerações, verrugas, furúnculos, coceiras, piolhos celulite, inflamações cutâneas, sarna, feridas, queimaduras, cicatrização, transpiração abundante. **Emocional/mental**: depressões, insônia, superexcitamento; nivela faixas emocionais, "desliga" as tensões e a inquietude sexual. **Observações**: óleo para crianças, tem um efeito suave; em dosagens mais elevadas contribui para um sono profundo e reparador; um bom purificador do ar.

Limão
(Citrus limonum)

Do suco das sementes, cascas e frutas. **Propriedades**: *antibactericida, anti-séptico, ativa os glóbulos brancos do sangue*, fortalece o coração, baixa a febre, fortalece os nervos, diurético, fomenta a formação do sangue, estanca sangramentos, fortalece os pulmões, estimula a digestão, baixa a pressão sanguínea. **Aplicações**: fraquezas do corpo em geral, todas as doenças infecciosas, dores de cabeça, enxaqueca, sinusite, febre, gripe, asma, distúrbios digestivos, úlceras gástricas, acidez estomacal, vômitos, gases, diarréia, disenteria, tifo, vermes, falta de apetite, colesterol, pressão sanguínea alta, hemofilia, cirrose hepática, funções hepáticas debilitadas, icterícia, reumatismo, gota, artrite, gonorréia, sífilis. **Pele**: limpeza, acne, espinhas, impingem, varizes, furúnculos, exantemas, verrugas, feridas purulentas, sardas, excesso de produção sebácea, picadas de insetos. **Emocional/mental**: esgotamento mental, descontroles, letargia. **Observações**: pode ocasionar irritações cutâneas; doses pequenas; não usar constantemente; bom contra insetos.

Melissa
(Melissa officinalis)

Dos botões das flores e folhas da planta. **Propriedades**: *tonificante geral, age como antidepressivo, fortalece* *os nervos, fortalece o coração, desanuvia a mente*, antiespasmódico, sudorífero, estimula a digestão, baixa a febre, fortalece o útero. **Aplicações**: quaisquer fraquezas corporais ou espirituais, dores de cabeça, enxaqueca, resfriados, febre, asma, taquicardia, perturbações digestivas, enjôos, vômitos, cólicas estomacais/intestinais, diarréia, vermes, menstruação (atenua as dores/cólicas), pressão arterial alta, perturbações uterinas. **Pele**: herpes I, picadas de insetos. **Emocional/mental**: depressões, dispersibilidade, choques, fobias, nervosismo, pânico, tristeza, letargia, negativismo. **Nota**: pode ocasionar irritação em peles sensíveis; seu efeito em banhos e compressas é refrescante (febres); repele insetos (moscas).

Manjerona

(Origanum majorana, Thymus mastictina)

Dos botões das flores e de toda a planta. **Propriedades**: *acalma, fortalece os nervos, antiespasmódico, aquece, estimulante digestivo, estimula a menstruação*, antiséptico, expectorante, alivia as dores, fortificante do coração, baixa a pressão, tonificante, anafrodisíaco. **Aplicações**: dores de cabeça, enxaqueca, resfriados, asma, perturbações da digestão, cólicas estomacais e intestinais, gases, prisão de ventre, pressão arterial alta, menstruação (atenuante das cólicas, antiespasmódico), leucorréia, nervosismo. **Pele**: cicatrizante. **Emocional/mental**: síndrome pré-menstrual, insônia, preocupações, aflições, desassossego, desequilíbrio; anafrodisíaco. **Nota**: desaconselhável durante a gravidez; óleo para o corpo com propriedades caloríferas.

Mirra

(Commiphora molmol, C. opobalsum, C. abyssinica)

Provém da resina da árvore. **Propriedades**: *cicatrizante, expectorante, estimulante dos pulmões*, anti-séptico, adstringente, estimulante digestivo, estimulante da menstruação. **Aplicações**: inflamações da mucosa bucal, ulcerações da boca, resfriados, tosse, rouquidão, bronquite, soluços, perturbações digestivas, gases, disenteria, falta de apetite, menstruação (ausência de), partos, hemorróidas, leucorréia, processos purulentos. **Pele**: tratamento da pele cansada e envelhecida (vincos, rugas, pés-de-galinha), cicatrização, ulcerações, fungos da pele. **Emocional/mental**: excesso de irritação, superexcitamento. **Observação**: contra-indicado durante a gravidez.

Murta

(africana, vermelha; francesa, verde)
(Myrtus communis)

Das folhas tenras do arbusto. **Propriedades**: anti-séptico, antibactericida, enrijecedor dos tecidos. **Aplicações**: doenças infecciosas (vias respiratórias/bexiga/intestinos), formação de pus nos sinos frontais, otites, resfriados, gripe, bronquite, asma, coqueluche. **Pele**: queimaduras, cicatrização geral, ulcerações, fístulas. **Nota**: muito bom para desinfecção e purificação do ar ambiente.

Néroli

(Citrus auranthium, bigardia)

Das flores da árvore de laranja azeda. **Propriedades**: *calmante, relaxante, age como antidepressivo*, regulador do coração, antiespasmódico, afrodisíaco; trata da pele. **Aplicações**: perturbações do ritmo cardíaco, taquicardia. **Pele**: tratamentos de todos os tipos, renovação das células. **Emocional/mental**: depressão, medo, acessos de fobia, choques, pânico, insônia, tensão nervosa e propensões a espasmos, cãibras, desgostos, aborrecimentos (atua suave e harmoniosamente e devolve a autoconfiança), apatia sexual. **Nota**: em virtude de seu perfume envolvente e quente, é indicado para a fabricação de todos os perfumes e misturas; bom para massagens tranqüilizantes (não provoca irritação).

Noz-moscada

(Myristica fragrans)

Do fruto da árvore da noz-moscada. **Propriedades**: *estimulante geral (corpo e alma), estimulante digestivo*, anti-séptico, quente. **Aplicações**: reumatismo (óleo para massagem), gases, distúrbios da digestão, menstruação (ausência de). **Emocional/mental**: inércia mental e letargia, desequilíbrio. **Observações**: tóxico em dosagens altas; contra-indicado durante a gestação.

Orégano
(Origanum vulgare)

Das flores e folhas da planta. **Propriedades**: *antibactericida, anti-séptico, fortalece o estômago*, favorece o sangramento, antiespasmódico, favorece a menstruação. **Aplicações**: asma, bronquite, coqueluche, tuberculose, perturbações digestivas, gases, falta de apetite, infecções internas, menstruação (ausência de), reumatismo. **Pele/cabelos**: celulite, piolhos. **Nota**: levemente tóxico; por isso, dosá-lo parcimoniosamente; não usá-lo com freqüência; contra-indicado durante a gravidez; pode causar irritação na pele e em mucosidades. O óleo da delicada manjerona pode substituí-lo (aroma forte e estimulante).

Patchuli
(Pogestemon patchouli)

Das folhas do arbusto. **Propriedades**: *calmante, afrodisíaco*, anti-séptico, tonificante. **Aplicações**: dores de cabeça, resfriados, tonturas, dores de estômago. **Pele**: cicatrizações, ferimentos, tratamentos de pele cansada. **Emocional/mental**: medos, confusões, falta de capacidade de concentração, falta de confiança própria, desassossego, afrodisíaco. **Observações**: muito indicado na composição de perfumes "pesados" (intensos) e misturas afrodisíacas;

em doses parcimoniosas, seu efeito é estimulante; em quantidades maiores, tranqüiliza. O perfume permanece por longo tempo em tecidos — ideal para perfumar roupas e armários.

Pau-de-rosas

(Aniba rosea odora)

Da casca e lenho da árvore. **Propriedades**: *fortalecedor dos nervos, calmante*, antibactericida, provocador suave de euforia, bom para tratamentos da pele, desodorante. **Aplicações**: dores de cabeça, distúrbios da digestão. **Pele/cabelos**: para o tratamento de todos os tipos de pele (deixa a pele flexível e macia), estrias (causadas pela gravidez); desodorante; trata cabelos escuros. **Emocional/mental**: nervosismo, estafa, afobação, dispersibilidade, memória fraca, depressão leve. **Nota**: aroma suave e adstringente, é uma variação mais econômica da rosa.

Pau-de-sândalo

(Santalum album)

Do lenho da árvore. **Propriedades**: *trata da pele, expectorante, afrodisíaco*, anti-séptico, antiespasmódico, elimina os gases, diurético, combate as infecções. **Aplicações**: resfriados, bronquite, tosse, laringite, indisposições da digestão, disenteria, gases, enjôos, vômitos, azia, infecções da bexiga, corrimentos vaginais, inflamação dos órgãos genitais masculinos, gonorréia, leucorréia, processos purulentos, impotência/frigidez. **Pele/cabelos**: tratamento de todos os tipos de pele (principalmente a seca), acne, inflamações, comichões. **Emocional/mental**: nervosismo, depressão, medo, insônia, letargia, preguiça, passividade; afrodisíaco (impotência/frigidez). **Observações**: um óleo para homens, em razão de seu aroma de madeira e seus efeitos; um aroma exótico e acre; bom para a meditação e os exercícios espirituais.

Petitgrain

(Citrus auranthium, bigarade)

Das folhas e frutos verdes do pé de laranja azeda. **Propriedades**: tranqüilizante suave, fortificante dos nervos. **Aplicações**: perturbações digestivas. **Emocional/mental**: nervosismo, fraqueza da memória e concentração, desassossego, irritabilidade, letargia mental. **Nota**: assemelha-se ao néroli, porém é mais barato; um aroma muito agradável, próprio para banhos e lamparina aromatizadora.

Pimenta-negra

(Piper nigrum)

Do fruto da planta. **Propriedades**: *perturbações digestivas, fortalece o estômago, aquece*, afrodisíaco. **Aplicações**: resfriados, gripe, coriza, febre, tosse, inflamação da garganta, digestão difícil, gases, diarréia, enjôos, vômitos, prisão de ventre, azia, falta de apetite, intoxicação alimentar, fraqueza muscular, dores musculares (torcicolo, torções), reumatismo, sensação de frio, impotência/frigidez. **Emocional/mental**: afrodisíaco. **Observações**: dosagens pequenas para o banho e no óleo para o corpo, porque pode provocar irritação na pele; aquece agradavelmente no banho.

Pinheiro

(Picea abies)

Das folhas do pinheiro. **Propriedades**: *anti-séptico*, tonificante, desodorante, age sobre as vias respiratórias, afrodisíaco. **Aplicações**: resfriados, tosse, bronquite, pneumonia, gripe, sinusite, perturbações estomacais e intestinais, inflamação na bexiga, inflamação da próstata, inflamação da vesícula biliar, reumatismo, gota, estimulante das vias renais, impotência. **Pele**: transpiração nos pés. **Emocional/mental**: fraqueza da libido.

Pinheiro

(Pinus cembra)

Das folhas do pinus. **Propriedades**: anti-séptico, expectorante, reanimador. **Aplicações**: infecção das vias respiratórias, resfriados, tosse, catarro, bronquite. **Emocional/mental**: falta de concentração, cansaço mental. **Nota**: refresca e desperta; um bom óleo para sauna.

Pinheiro

(Pinus mugho furra)

Das folhas da árvore. **Propriedades**: anti-séptico, refrescante, aroma fresco. **Aplicações**: infecção das vias respiratórias, resfriados. **Nota**: óleo para sauna e inalação.

Pinus

(Pinus sylvestris)

Das folhas do pinus. **Propriedades**: *anti-séptico, desodorante*, antibactericida, antivirótico, tranqüilizante suave, eleva a pressão arterial, estimula a circulação sanguínea. **Aplicações**: doença das vias respiratórias e dos pulmões, pressão arterial baixa, circulação sanguínea deficiente. **Pele/cabelos**: desodorante. **Emocional/mental**: nervosismo, estafa, tensão nervosa, agitação (refrescante suavizador para os nervos). **Nota**: muito refrescante nos banhos, porém deve ser dosado com parcimônia, pois pode ocasionar irritação na pele; indicado para sauna e inalação: descongestiona as vias respiratórias e tem aroma agradável.

Poejo

(Mentha pulegium)

De toda a planta. **Propriedades**: *tranqüilizante*, ativa a transpiração, favorece a menstruação, atenua dores, antiespasmódico, anti-séptico, age sobre o útero, expectorante, favorece a digestão. **Aplicações**: dores de cabeça, dores de dentes, gases, febre, doenças das vias respiratórias, tosse, coqueluche, asma, bronquite, resfriados, pedras vesiculares, gastrite, leucorréia, espasmos, vômitos, ulcerações da boca, menstruação (ausência de). **Pele**: irritação e inflamação da pele, picadas de insetos. **Emocional/mental**: fraca capacidade de concentração, dispersibilidade. **Nota**: contra-indicado durante a gestação; repele insetos; pertence à família das hortelãs.

Rosa

(Rosa damascena, centifolia, otto)

Das pétalas das flores. **Propriedades**: *atua como antidepressivo, regulador menstrual, anti-séptico, afrodisíaco e no tratamento da pele*; tonificante (coração, estômago, útero), antiespasmódico, vasoconstritor, laxante, combate infecções, estanca sangramentos, purifica o sangue. **Aplicações**: olhos: infecções da membrana conjuntiva; dores de cabeça, enjôos, vômitos, prisão de ventre, indisposição do fígado, dor cardíaca, menstruação (irregular, longa, perda sanguínea elevada), perturbações uterinas, esterilidade, perturbações sexuais, leucorréia, hemorragias, doenças genitais, doenças de gestação. **Pele**: tratamento para todos os tipos de pele. **Emocional/mental**: depressão, desgostos, mágoas, síndrome pré-menstrual, insônia, inclinação para o negativo; afrodisíaco. **Observações**: um verdadeiro óleo para a mulher e seu coração; indispensável em todos os perfumes. Este precioso e caro óleo é encontrado em diversas "notas aromáticas", correspondentes à origem da planta. O melhor e mais caro óleo é extraído da rosa damascena, vinda da Bulgária.

Também são utilizadas outras rosas para o preparo do óleo, como: *Rosa Damascena* (Otto), *Rosa Gallica, Rosa Centifolia.* Um óleo de rosa puro pode ser misturado ao óleo de gerânio. Desta forma, essa mistura não se torna muito cara e, mesmo assim, o maravilhoso perfume da rosa domina e sobressai.

Salsa

(Petroselinum crispum)

Das sementes da planta. **Propriedades**: *estimulante geral, tonificante, age sobre: fígado/baço/útero*, diurético, laxante. **Aplicações**: doenças do fígado, baço, bexiga, vias urinárias, útero, vesícula, pedras vesiculares, gonorréia, sífilis, câncer. **Pele**: hematomas.

Sálvia

(Salvia officinalis)

Das flores e folhas da planta. **Propriedades**: *estimulante e fortificante em geral, antiespasmódico, age sobre o útero, anti-séptico*, fortificante do estômago, trata escoriações, eleva a pressão arterial, adstringente. **Aplicações**: inflamação das gengivas, dor de dentes, inflamação da garganta, inflamação da mucosa bucal, dor de cabeça, inflamação da laringe, bronquite, asma, digestão difícil, fígado, pulmões, vias renais, falta de apetite, paralisações momentâneas no organismo, ataques apopléticos, menstruação (fraca, ausência, dolorida), climatério (menopausa), leucorréia. **Pele/cabelos**: cicatrização, feridas/aftas bucais, eczemas; queda de cabelos; picadas de insetos. **Emocional/mental**: falta de concentração (bom para os que trabalham "com a cabeça", estimula a locução, desperta a mente pelas manhãs). **Nota**: em dosagens elevadas, é tóxico! Contra-indicado na gravidez e durante a amamentação. Desinfeta perfeitamente o ar ambiente (use-o para doenças infecto-contagiosas). Seu substituto ideal é a suave e não tóxica *Salvia sclarea*.

Sálvia

(Salvia sclarea)

Das flores da planta. **Propriedades**: *tranqüilizante, tonificante (nervos, estômago, útero)*, antiespasmódico, antiséptico, reduz a pressão arterial, estimulador da menstruação, afrodisíaco, provoca euforia, acalma os nervos. **Aplicações**: inflamação dos olhos, inflamação da garganta, distúrbios nervosos, distúrbios da digestão, gases, cólicas estomacais e intestinais, distúrbios renais, pressão alta, menstruação (faltando, abranda as dores; antiespasmódico), leucorréia, impotência, frigidez. **Pele/cabelos**: tratamentos da pele em geral, inflamações cutâneas, furúnculos, ulcerações; debela a forte secreção sudorífera; tratamento capilar em geral. **Emocional/mental**: síndrome pré-menstrual, depressão, medo, esgotamento espiritual, estados tensos, cãibras, negativismo, apatia sexual. **Observações**: contra-indicado para gestantes; não utilizar nem ingerir em combinação com o álcool; tranqüilizante delicado para massagens; preferi-lo ao óleo de *Salvia officinalis* porque é mais suave.

Segurelha

(Satureja montana)

Do arbusto todo. **Propriedades**: *complexo digestivo, fortemente anti-séptico*, fortalece o estômago, alivia as cãibras, expectorante, afrodisíaco. **Aplicações**: perturbações digestivas, gases, disenteria, fraqueza estomacal, indisposição estomacal de origem nervosa, cólica intestinal, verminose, impotência/frigidez. **Pele/cabelos**: cicatrização, picadas de insetos. **Emocional/mental**: libido debilitada.

Sempre-viva

(Helichrysum angustifolium)

Das flores da planta. **Propriedades**: *impede a formação da inflamação, elimina os fungos*, fortalece os tecidos, é diurético, antialérgico, expectorante. **Aplicações**: enxaquecas, resfriados, bronquite (catarro), infecções estomacais e intestinais (*Candida albicans, Escherichia coli*), infecções da garganta (estafilococos), alergias. **Pele**: queimaduras, proteção solar, inflamações, deixa a pele macia e dá elasticidade. **Nota**: muitas vezes é utilizado como fixador para perfumes.

Tangerina

(Citrus madurensis)

Da casca da fruta. **Propriedades**: *calmante, fortalece o estômago*, estimula o apetite, reduz as dores, antiespasmódico. **Aplicações**: perturbações digestivas, fígado e estômago fracos, falta de apetite, dores musculares (torções). **Emocional/mental**: excitação, nervosismo (tranqüiliza o espírito e os nervos com um aroma quente de frutas). **Nota**: um óleo suave para crianças.

*Tea-tree**
(Melaleuca alternifolia)

Das folhas e ramas novas da árvore. **Propriedades**: *combate infecções, anti-séptico, antibactericida, mata os germes*, cicatrizante. **Aplicações**: todas as infecções, todas as bactérias, fungos e vírus: infecções vaginais, infecções intestinais (*Candida a.*), inflamações da boca e mucosa, sistema imunológico fraco, câncer, Aids. **Pele**: ferimentos, escoriações, acne, espinhas, fungos da pele. **Observações**: parente e muitas vezes confundido com o cajepute (óleo da *Melaleuca leucondendron*) e com o gomenol (óleo da *Melaleuca viridiflora*). Cada vez mais são encontradas aplicações para as folhas do *tea-tree*. Não é tóxico e pode ser tomado em doses elevadas.

Terebintina (essência)
(Pinus pinaster, entre outros*)*

Da resina do pinheiro e da madeira de outros tipos de pinus. **Propriedades**: anti-séptico, estanca o sangue, an-

---

* *Tea-tree* (*Melaleuca alternifolia* — árvore do chá) — planta da Oceania. (N.T.)

tiespasmódico, cicatrizante. **Aplicações**: bronquite, tuberculose, infecções urológicas e do trato genital, leucorréia, cólica intestinal, gases, vermes, pedras vesiculares, nevralgias, gota, reumatismo, ciática. **Pele/cabelos**: feridas, sarnas, piolhos.

Tomilho
(Thymus vulgaris)

Das flores e folhas da planta. **Propriedades**: *estimulante em geral, anti-séptico, antiespasmódico*, expectorante, fortificante dos nervos, diurético, sudorífero, eleva a pressão arterial. **Aplicações**: debilidade do sistema imunológico, esgotamento do corpo em geral, coqueluche, bronquite, tuberculose, asma, resfriados, gripe, formação de catarro nos sinos frontais, infecções de garganta, problemas da circulação sanguínea, infecção intestinal, infecção das vias renais, vermes, menstruação (ausência), reumatismo, gota, artrite, leucorréia, falta de glóbulos brancos, impotência/frigidez. **Pele/cabelos**: tratamento da boca e das gengivas, ferimentos, furúnculos, sarna, piolhos. **Emocional/mental**: esgotamento mental, fraqueza, letargia, inapetência sexual. **Observações**: contra-indicado durante a gestação e para os casos de pressão arterial elevada.

Tuia
(Tuja occidentalis)

Das folhas e casca da árvore. **Propriedades**: expectorante, diurético. **Aplicações**: infecções da bexiga, dilatação da próstata, reumatismo, vermes, câncer, profilaxia das doenças sexuais. **Pele**: verrugas. **Nota**: pode eliminar cãibras — dosagens pequenas. Não use para epilepsia!

Verbena
(Lippia citriodora)

Da florescência do arbusto. **Propriedades**: estimulante digestivo, calmante, estimulante do sono. **Aplicações**: distúrbios digestivos, espasmos. **Emocional/mental**: inquietação, excesso de tensão, insônia, desânimo, desequilíbrio. **Nota**: pode irritar, entre outras coisas, a pele sensível; aroma quente e suave de limão; delicioso aromatizante para bebidas de verão; muitas vezes é substituída por citronela e erva-cidreira, mas também pode ser misturada a elas.

Vetiver
(Vetiveria zizanoides)

Da grama. **Propriedades**: fortalece os nervos, acalma. **Aplicações**: **Pele**: tratamento da pele cansada, envelhecida. **Emocional/mental**: medo, histeria, desassossego, estafa, nervosismo. **Observações**: óleo para banho, refrescante; bom para dar a nota "redonda" nos perfumes; odor de limão; junto com o pau-de-sândalo, fornece uma boa mistura.

Violeta-azul

(Viola odorata)

Das folhas da planta. **Propriedades**: fortalece os nervos, acalma. **Aplicações**: dores de cabeça, resfriados, tosse, coqueluche, inflamação de garganta, bronquite, gases, constipação intestinal, tumores internos, câncer. **Pele**: inflamação cutânea. **Emocional/mental**: excitação, desassossego, nervosismo. **Nota**: uma *essence absolue* para os mais caros perfumes.

Ylang-Ylang (Ylang)

(Cananga odorata)

Das flores da árvore. **Propriedades**: *calmante (respiração/coração), afrodisíaco*, anti-séptico, baixa a pressão arterial. **Aplicações**: pressão arterial alta, taquicardia, eupnéia (respiração profunda), hiperventilação, impotência/frigidez. **Pele**: cuidados gerais. **Emocional/mental**: nervosismo, medo, depressão, insônia; afrodisíaco; incapacidade de satisfação/gozo, relaxamento (um aroma para a sexualidade, a beleza e o amor). **Nota**: perfume duradouro e agradável; dosar em pequenas quantidades; seu aroma é forte e intenso.

Zimbro (junípero)

(Juniperus communis)

Dos frutos e folhas do arbusto. **Propriedades**: *anti-séptico (órgãos respiratórios, sangue, aparelho digestivo); fortalece os nervos, fortificante em geral, age sobre a be-*

xiga e vias urinárias, antiespasmódico, fortalece os tecidos, estimula a digestão, fortalece o estômago, desintoxicante, laxante, limpa o sangue, tonifica, afrodisíaco. **Aplicações**: infecção dos *sinus* frontais, tosse, dificuldade na digestão, prisão de ventre, gases, cólicas, pedras renais, infecções do fígado, catarro na bexiga, vermes, micção excessiva, infecção das vias urinárias, micção dolorosa, corrimentos de qualquer espécie, limpeza do sangue, menstruação (ausência, dolorida), dificuldade de ereção, espasmos, reumatismo, gota, hemorróidas, fraqueza física em geral. **Pele**: tratamento/limpeza/infecções, ferimentos, escoriações, acne, eczemas, ulcerações, celulite. **Emocional/mental**: nervosismo, medo, preocupações, desgostos, perturbação mental, acessos de fobias, dificuldade para conciliar o sono, sensação de fraqueza. **Observação**: contra-indicado durante a gestação. Indicado para aromatizar o gim

Índice dos sintomas ou efeitos e os óleos aromáticos correspondentes

Seguindo os sintomas pela ordem alfabética, você poderá, uma vez mais, perceber a conotação dos óleos aromáticos e sua aplicação para os diferenciados sintomas e, conseqüentemente, observar quais os melhores efeitos que se podem conseguir com eles.

Abortivo (pp. 34, 77s):
Basilicão, cânfora, cenoura, manjerona, hortelã, mirra, orégano, poejo, hortelã-pimenta, *Salvia officinalis*, tomilho, hissopo, cedro, canela.

Acne (pp. 61, 88, 90, 91, 92):
Bergamota, cânfora, cenoura, lavanda, gomenol, camomila-romana, pau-de-sândalo, *tea-tree*, zimbro, cedro, limão.

Afonia:
Lavanda, tomilho, limão, cipreste.

Afrodisíaco (pp. 100s, 110):
Segurelha, pinheiro, jasmim, cardamomo, coentro, manjerona, almíscar, *Salvia sclarea*, néroli, patchuli, rosa, pau-de-sândalo, pimenta-negra, tomilho, zimbro, ylang, canela.

Aids, ver Sistema Imunológico.

Alergia:
Sempre-viva, melissa.

Amígdalas, inflamação das (pp. 70s):
Bergamota, tomilho, canela.

Anafrodisíaco (p. 102):
Lavanda, manjericão.

Analgésicos (pp. 51, 55, 56, 59, 60, 82, 83):
Bergamota, eucalipto, gerânio, cânfora, lavanda, manjerona, hortelã, camomila-romana, alecrim.

Anemia:
Camomila-romana, tomilho, limão.

Angina (pp. 58s):
Bergamota, gengibre, tomilho, limão.

Ânsias de vômito:
Funcho.

Antibactericida/Anti-séptico (pp. 44, 52, 58, 86, 95s):
Benjoim, bergamota, segurelha, cajepute, eucalipto, pinheiro, sempre-viva, gengibre, alho, pinheiro (*Pinus mugho furra*), murta, cravo, gomenol, orégano, hortelãs, pinus, rosa, *Salvia officinalis*, *tea-tree*, tomilho, zimbro, canela, limão, cebola.

Anti-espasmódico (pp. 50, 51, 60, 64):
Lavanda, *Salvia sclarea*, manjerona, néroli, camomila-romana, cipreste.

Apatia:
Cajepute, jasmim.

Apetite, falta de:
Camaradinha, estragão, cidra, gengibre, cardamomo, alho, coentro, cominho, tangerina, mirra, orégano, *Salvia officinalis*, pimenta-negra, hissopo, limão.

Apoplexia — Ataque apoplético:
Salvia officinalis.

Ar, purificador de (pp. 36, 43, 44):
Bergamota, citronela, cidra, erva-cidreira, laranja, vetiver, hissopo, limão, canela.

Arteriosclerose:
Alho, alecrim, zimbro, limão, cebola.

Artrite, ver Reumatismo.

Asma (pp. 43, 45, 57, 59):
Anis, benjoim, eucalipto, alho, lavanda, manjerona, melissa, murta, orégano, poejo, hortelã, alecrim, *Salvia officinalis*, tomilho, hissopo, limão, cipreste.

Azia (pp. 63, 78):
Cardamomo, coentro, pau-de-sândalo, pimenta-negra.

Baço:
Funcho, salsa.

Bexiga:
— *infecção e inflamação da bexiga*:
Eucalipto, pinheiro, *grapefruit*, alho, lavanda, murta, salsa, pau-de-sândalo, tomilho, tuia, zimbro, cedro.
— *catarro na bexiga*:
Bergamota, eucalipto, alho, lavanda, camomila-romana, pau-de-sândalo, zimbro, cedro.

— *micção dolorosa:*
Zimbro, cedro.

Boca:
— *infecções* (p. 58):
Bergamota, hissopo.
— *mau hálito* (pp. 58, 95):
Bergamota, cardamomo, menta, hortelã, tomilho.
— *ulcerações* (pp. 58, 72):
Mirra, poejo, *Salvia officinalis*.
— *infecções da mucosa* (p. 58):
Gerânio, mirra, *Salvia officinalis*, *tea-tree*, limão.

Bolhas — pele:
Eucalipto.

Bronquite (pp. 43, 45, 59, 71):
Basilicão, benjoim, violeta-azul, eucalipto, pinheiro, sempre-viva, cânfora, alho, lavanda, menta, mirra, murta, orégano, poejo, hortelã, alecrim, *Salvia officinalis*, pau-de-sândalo, essência de terebintina, tomilho, incenso, hissopo, cedro, canela, pinus, limão.

Cabeça, dores de (pp. 37, 45, 56, 57, 59, 61, 65, 76, 80, 83):
Violeta-azul, cajepute, jasmim, lavanda, erva-cidreira, manjerona, melissa, patchuli, poejo, hortelã, camomila-romana, rosa, pau-de-rosas, alecrim, *Salvia officinalis*, limão.

Cabelos:
— *reavivar* (cabelos castanhos) (p. 96):
Pau-de-rosas, alecrim.

— *clarear* (p. 96):
Camomila.
— *queda de cabelos* (pp. 89, 96):
Cajepute, alecrim, *Salvia officinalis*.
— *gordurosos* (pp. 89, 96):
Salvia sclarea, cedro, cipreste.
— *normais* (p. 97):
Lavanda, *Salvia sclarea,* camomila-romana, pau-de-rosas, cedro, limão, cipreste.
— *caspa* (pp. 89, 96):
Eucalipto, alecrim, cedro.
— *secos* (p. 96):
Cedro.

Calmante (pp. 46, 57, 82):
Âmbar, bergamota, violeta-azul, jasmim, lavanda, manjerona, tangerina, melissa, *Salvia sclarea*, mirra, néroli, laranja, patchuli, camomila-romana, rosa, pau-de-rosas, pau-de-sândalo, vetiver, incenso, ylang.

Calos:
Funcho, alho.

Câncer:
Violeta-azul, estragão, eucalipto, gerânio, alho, cravo, salsa, *tea-tree*, tuia, hissopo, cebola, cipreste.

Cansaço, ver Estimulantes, Apatia ou Esgotamento.

Catarro:
Cajepute, pinheiro (*Pinus cembra*)

Celulite (pp. 37, 52, 55, 71, 89, 94):
Arnica, funcho, lavanda, laranja, orégano, alecrim, zimbro, cipreste.

Choques (pp. 46, 50):
Cânfora, melissa, néroli, hortelã.

Ciática:
Essência de terebintina.

Cicatrização, ver Pele.

Circulação sanguínea:
— *estimulante*:
Cominho-dos-prados, cânfora, alho, pinus, alecrim, hissopo, canela.
— *tranqüilizante*:
Lavanda, manjerona, melissa, *Salvia sclarea*, ylang, hissopo.
— *perturbações*:
Ginseng, alho, tomilho, hissopo, cipreste.

Climatério — Menopausa (p. 79):
Funcho, gerânio, camomila-romana, *Salvia officinalis*, cipreste.

Cobreiro — Herpes Zoster:
Eucalipto, gerânio, menta, hortelã, *tea-tree*.

Cólicas (pp. 50, 60):
Anis, benjoim, bergamota, funcho, cardamomo, lavanda, manjerona, melissa, *Salvia sclarea*, hortelã, camomila-romana, pimenta-negra, zimbro, hissopo.

Coluna — Dores nas costas (pp. 59, 78):
Lavanda, manjerona, alecrim, pimenta-negra.

Combate às infecções (pp. 52, 59, 66, 70, 86):
Lavanda, *Salvia sclarea*, mirra, hortelã, camomila-romana, rosa, pau-de-sândalo.

Comichão (p. 52):
Benjoim, lavanda, hortelã, camomila-romana, pau-de-sândalo, cedro, limão.

Concentração, falta de — Fraqueza mental (pp. 45, 56):
Basilicão, camaradinha, eucalipto, cardamomo, erva-cidreira, cravo, patchuli, poejo, *petitgrain*, hortelã, pau-de-sândalo, alecrim, *Salvia officinalis*, açafrão, hissopo, pinheiro (*Pinus cembra*).

Contágio, evita a contaminação:
Eucalipto, alho, lavanda, cravo, alecrim, *tea-tree*, zimbro, canela.

Contusões/Esmagamentos (pp. 62, 73):
Funcho, cânfora, lavanda, salsa, *Salvia officinalis*, hissopo.

Convalescença:
Basilicão, bergamota, ginseng, *Salvia sclarea*, cravo, alecrim, açafrão, tomilho, hissopo, limão.

Coqueluche (p. 83):
Basilicão, violeta-azul, lavanda, murta, orégano, poejo, alecrim, tomilho, hissopo, cipreste.

Coração:
— *estimulante/fortificante* (p. 111):

Cominho-dos-prados, cânfora, alho, lavanda, manjerona, melissa, néroli, hortelã, rosa, alecrim, hissopo.
— *calmante*:
Cominho, lavanda, melissa, néroli, hortelã, camomila-romana, rosa, ylang.
— *taquicardia*:
Lavanda, melissa, néroli, ylang.
— *descompasso do ritmo cardíaco*:
Cânfora, néroli, hortelã, alecrim.
— *dores*:
Rosa.
— *fraqueza, falhas/agudas*:
Cominho-dos-prados, cânfora, alecrim.

Coriza (pp. 43, 57, 58):
Eucalipto, pinheiro, lavanda, manjerona, mirra, murta, camomila-romana, alecrim, pau-de-sândalo, pimenta-negra, incenso, hissopo, cedro.

Corrimentos:
Gerânio, patchuli, hortelãs, rosa, alecrim, pau-de-sândalo, zimbro, incenso, cedro, cipreste.

Dentes:
— *dores* (pp. 59, 83):
Cajepute, noz-moscada, cravo, poejo, hortelã, camomila-romana, *Salvia officinalis*.
— *dentes, crianças* (p. 83):
Camomila-romana.

Depressão (pp. 45, 50, 56, 76, 81):
Basilicão, bergamota, camaradinha, gerânio, cidra, jasmim, cânfora, lavanda, melissa, *Salvia sclarea*, néroli, la-

ranja, patchuli, camomila-romana, rosa, pau-de-sândalo, ylang, cedro.

Desinfetante, ar ambiente e objetos (p. 44):
Bergamota, eucalipto, lavanda, cravo, *Salvia officinalis*, *tea-tree*, tomilho, zimbro e canela.

Desintoxicante (p. 50):
Funcho, camomila-romana, zimbro.

Desmaios:
Gengibre, hortelã.

Desodorante, ver Pele.

Diabete:
Eucalipto, gerânio, zimbro, cebola.

Difteria:
Bergamota.

Disenteria:
Limão.

Distonia vegetativa:
Estragão, erva-cidreira, alecrim.

Doença venérea, ver Gonorréia.

Doenças digestivas (pp. 37, 63, 78):
Raiz de angélica, anis, basilicão, bergamota, segurelha, cominho-dos-prados, estragão, eucalipto, funcho, gengibre, camomila, cardamomo, alho, coentro, cominho, lavanda, manjerona, tangerina, melissa, noz-moscada, *Salvia sclarea*, mirra, cravo, laranja, orégano, *petitgrain*, hortelã, pau-de-rosas, alecrim, pau-de-sândalo, pimenta-negra, verbena, zimbro, incenso, hissopo, canela, limão, cebola.

Doenças uterinas (pp. 79ss):
Jasmim, lavanda, *Salvia sclarea*, mirra, salsa, rosa, incenso, cipreste.

Eczema (p. 72):
Bergamota, gerânio, lavanda, camomila-romana, *Salvia officinalis*, zimbro, hissopo, cedro.

Edemas:
Gerânio, alho, alecrim, cebola.

Emagrecimento (p. 56):
Zimbro.

Enjôos (pp. 63, 78, 80):
Basilicão, cardamomo, lavanda, melissa, menta, hortelã, rosa, pau-de-sândalo, pimenta-negra.

Enurese, urinar na cama:
Cipreste.

Envenenamento/Intoxicação alimentar:
Alho, lavanda, pimenta-negra, tomilho.

Enxaqueca (p. 51):
Anis, basilicão, eucalipto, sempre-viva, lavanda, erva-cidreira, manjerona, melissa, hortelã, camomila-romana, alecrim, limão, cebola.

Epilepsia:
Basilicão, lavanda, alecrim; contra-indicados: cânfora, *Salvia officinalis*, tuia, hissopo.

Ereção — fraqueza:
Zimbro.

Escarlatina:
Eucalipto.

Esgotamento:
— *mental* (p. 56):
Basilicão, cajepute, camaradinha, ginseng, cânfora, cardamomo, coentro, erva-cidreira, melissa, *Salvia sclarea*, cravo, hortelã, alecrim, açafrão, tomilho, hissopo, limão, cebola.
— *corporal*:
Ginseng, gengibre, alho, lavanda, manjerona, noz-moscada, cravo, salsa, alecrim, *Salvia officinalis*, tomilho, zimbro, hissopo, canela, cebola.
— *sexual* (p. 102):
Segurelha, ginseng.

Espasmos:
Bergamota, cardamomo, lavanda, *Salvia sclarea*, poejo, camomila-romana, alecrim, verbena, zimbro, cipreste.

Espermatorréia:
Benjoim, incenso.

Espinhas (pp. 61, 86, 88, 90):
Lavanda, *tea-tree*, limão.

Esterilidade:
Gerânio, rosa, *Salvia officinalis*, zimbro.

Estimulante, para o corpo em geral (pp. 45, 49, 50, 55):
Basilicão, eucalipto, cânfora, hortelã, alecrim, pimenta-negra.

Estômago:
— *úlcera*:

Poejo, camomila-romana, limão.
— *infecção*:
Sempre-viva.
— *catarro*:
Gerânio.
— *espasmos* (pp. 50, 59, 64, 83):
Basilicão, cajepute, cominho-dos-prados, gengibre, coentro, cominho, manjerona, melissa, *Salvia sclarea*, laranja, hortelã, camomila-romana, canela.
— *dores* (p. 85):
Segurelha, estragão, funcho, pinheiro, gerânio, cânfora, erva-cidreira, patchuli, hortelã, camomila-romana, alecrim, hissopo, canela.
— *fraqueza*:
Segurelha, camaradinha, cardamomo, erva-cidreira, tangerina, orégano, *Salvia officinalis*, canela.
— *acidez excessiva*:
Hortelã, limão.

Excitação nervosa (pp. 45, 50):
Benjoim, bergamota, violeta-azul, gerânio, jasmim, manjerona, tangerina, melissa, *Salvia sclarea*, néroli, patchuli, pinheiro, camomila-romana, pau-de-rosas, ylang, cedro, cipreste.

Expectorante (pp. 57, 58):
Basilicão, benjoim, bergamota, eucalipto, manjerona, mirra, hortelã, hissopo, cedro.

Febre, baixar a (pp. 50, 61):
Basilicão, bergamota, eucalipto, gengibre, cânfora, melis-

sa, menta, hortelã, camomila-romana, açafrão, pimenta-negra, *tea-tree*, hissopo, limão.

Ferimentos, ver Pele.

Fígado:

— *estimulante*:

Funcho, cenoura, tangerina, limão.

— *desintoxicante*:

Zimbro.

— *infecção/inflamação*:

Cenoura, alecrim, *Salvia officinalis*, tomilho, limão, cipreste.

— *indisposições*:

Camomila-romana, rosa, alecrim, *Salvia officinalis,* tomilho, limão, cipreste.

— *cirrose*:

Limão.

Fístula:

Lavanda, murta.

Flores brancas, ver Leucorréia.

Fobias:

Jasmim, melissa, néroli, zimbro.

Fraqueza dos tecidos conjuntivos (pp. 55, 94):

Rosa, pau-de-rosas.

Frigidez, ver Impotência.

Fungos — criptococos (p. 52):

Bergamota, alho, lavanda, hortelã, rosa, *tea-tree,* cebola.

Fungos, eliminação dos (pp. 66, 72, 89):

Raiz de angélica, citronela, funcho, sempre-viva, cânfora, noz-moscada, mirra, camomila-romana, *tea-tree*, tomilho, canela.

Furúnculos:
Bergamota, lavanda, *Salvia sclarea*, gomenol, camomila-romana, tomilho, limão, cebola.

Garganta, infecções da (p. 58):
Cajepute, eucalipto, gerânio, lavanda, *Salvia sclarea*.

Gases:
Anis, bergamota, violeta-azul, segurelha, cominho-dos-prados, estragão, funcho, gengibre, cardamomo, alho, coentro, cominho, lavanda, manjerona, noz-moscada, *Salvia sclarea*, mirra, cravo, laranja, orégano, poejo, hortelãs, camomila-romana, alecrim, pau-de-sândalo, açafrão, pimenta-negra, essência de terebintina, zimbro, hissopo, canela, limão.

Gastrite:
Camomila, poejo.

Gengivas:
— *sangramento*:
Salvia officinalis, tomilho, cipreste.
— *inflamação*:
Cravo, *Salvia officinalis*, tomilho, limão.
— *tratamento*:
Funcho, *Salvia officinalis*, tomilho, limão.

Gonorréia:
Benjoim, eucalipto, jasmim, alho, lavanda, salsa, pau-de-sândalo, incenso, cedro, limão.

Gota:
Benjoim, cajepute, pinheiro, cânfora, alho, alecrim, açafrão, essência de terebintina, tomilho, zimbro, limão.

Gravidez:
— *contra-indicações* (p. 77):
Basilicão, cânfora, cenoura, manjerona, noz-moscada, *Salvia sclarea*, mirra, orégano, poejo, *Salvia officinalis*, açafrão, tomilho, zimbro, incenso, hissopo, cedro, canela.
— *doenças, perturbações* (p. 78):
Gerânio, lavanda, menta, hortelã.
— *estrias* (p. 78):
Pau-de-rosas.

Gripe (pp. 56, 58):
Basilicão, camaradinha, eucalipto, pinheiro, gengibre, lavanda, erva-cidreira, menta, murta, hortelã, alecrim, pimenta-negra, tomilho, hissopo, canela, limão, cebola, cipreste.

Hemorróidas (p. 52):
Mirra, zimbro, cipreste.

Herpes I:
Bergamota, eucalipto, cidra, cânfora, melissa, *tea-tree*, hissopo.

Herpes II (p. 52):
Bergamota, *grapefruit*, *tea-tree*.

Hiperventilação:
Ylang.

Histeria, ver Calmantes.

Hormônios — Equalizador:

Funcho, gerânio.

Icterícia:
Gerânio, camomila-romana, alecrim, tomilho, limão, cipreste.

Impingem (p. 72):
Gerânio, camomila-romana, limão.

Impotência (pp. 52, 69, 103):
Anis, segurelha, pinus, ginseng, gengibre, coentro, *Salvia sclarea*, pau-de-sândalo, pimenta-negra, tomilho, zimbro, ylang, canela, cebola.

Infecção dos vasos linfáticos:
Lavanda, *Salvia officinalis*, zimbro, cebola.

Infecção purulenta das cavidades frontais (pp. 57, 59):
Eucalipto, pinheiro, lavanda, murta, hortelã, *tea-tree*, tomilho, limão.

Infecções (pp. 50, 52, 57, 58, 83):
Raiz de angélica, pinus, sempre viva, alho, murta, cravo, gomenol, orégano, *tea-tree*, tomilho, canela, limão, cebola.

Infecções do trato urogenital:
Lavanda, mirra, murta, *tea-tree*, essência de terebintina, tomilho, zimbro, cebola.

Infecções vaginais/vaginite:
Camomila-romana, *tea-tree*.

Inflamações das membranas conjuntivas (pp. 62, 141):
Gerânio, lavanda, camomila-romana, rosa.

Insetos, picadas de (pp. 43, 86, 89):

Segurelha, lavanda, melissa, cravo, poejo, *Salvia officinalis*, açafrão, limão, cebola.

Insetos, repelente de (pp. 43, 106):
Basilicão, citronela, eucalipto, gerânio, erva-cidreira, melissa, cravo, poejo, hortelã, cedro, limão, cebola, cipreste.

Insolação (p. 61):
Lavanda, melissa, hortelã, rosa, limão.

Insônia (pp. 43, 46, 82, 107):
Basilicão, bergamota, cânfora, lavanda, manjerona, néroli, laranja, camomila-romana, rosa, pau-de-sândalo, verbena, zimbro, ylang.

Intestinos (p. 113):
— *intestino preguiçoso*:
Cardamomo, alho, coentro, manjerona, canela, limão, cebola.
— *vermes intestinais*, ver Vermes.
— *inflamações do intestino grosso*:
Bergamota, alho, lavanda, camomila-romana, alecrim, pimenta-negra.
— *Diarréia*:
Segurelha, cominho-dos-prados, eucalipto, gerânio, gengibre, alho, lavanda, melissa, mirra, cravo, laranja, hortelã, camomila-romana, alecrim, pau-de-sândalo, pimenta-negra, zimbro, canela, limão, cebola, cipreste.
— *infecções, fungos, bactérias, vírus*:
Sempre-viva, alho, murta, *tea-tree*, tomilho, cebola.
— *cólicas*:
Anis, benjoim, bergamota, funcho, cardamomo, lavanda, hortelã, zimbro.

Intoxicação alcoólica (p. 49):
Funcho.

Irritabilidade (p. 45):
Cenoura, lavanda, mirra, incenso.

Laringite:
Benjoim, cajepute, lavanda, *Salvia officinalis*, pau-de-sândalo, zimbro, incenso, cebola.

Letargia:
Erva-cidreira, melissa, noz-moscada, gomenol, *petitgrain*, sândalo, tomilho, limão.

Leucocitose:
Bergamota, lavanda, camomila-romana.

Leucorréia (p. 52):
Benjoim, eucalipto, lavanda, manjerona, *Salvia sclarea*, mirra, poejo, rosa, alecrim, *Salvia officinalis*, sândalo, *tea-tree*, tomilho, incenso, hissopo.

Mãos:
— *tratamento* (pp. 89, 95):
Benjoim, mirra, rosa, pau-de-sândalo.
— *limpeza*:
Limão.

Mau jeito, torções:
Gengibre.

Medo — Pavor (pp. 46, 50):
Basilicão, bergamota, gerânio, cidra, jasmim, lavanda, manjerona, melissa, *Salvia sclarea*, néroli, laranja, patchuli, rosa, pau-de-sândalo, vetiver, zimbro, incenso, ylang, cedro, cipreste.

Nervos:

— *calmantes* (p. 46):

Bergamota, lavanda, cânfora, manjerona, laranja, camomila-romana.

— *nervosismo, estafa, agitação* (pp. 43, 45, 46, 50, 56, 61, 64):

Raiz de angélica, basilicão, benjoim, bergamota, violeta-azul, gerânio, jasmim, cânfora, cenoura, lavanda, manjerona, tangerina, melissa, néroli, patchuli, *petitgrain*, pinus, camomila-romana, rosa, pau-de-rosas, pau-de-sândalo, verbena, vetiver, zimbro, ylang, cipreste.

— *dores*:

Eucalipto, gerânio, coentro, hortelã, camomila-romana, alecrim.

— *fortificante*:

Lavanda, manjerona, *Salvia sclarea*, *petitgrain*, alecrim, *Salvia officinalis*, tomilho, cebola, cipreste.

Nevralgia:

Gerânio, essência de terebintina.

Olhos:

— *olhos cansados, inflamados* (p. 62):

Lavanda, *Salvia sclarea*, camomila-romana.

— *olhos embaçados*:

Alecrim.

Órgãos genitais, infecções (p. 52):

Benjoim, rosa, essência de terebintina, cebola.

Ouvidos — dores (pp. 59, 83):

Basilicão, cajepute, lavanda, murta, camomila-romana, hissopo.

Ouvido médio — otites (pp. 73, 83):
Eucalipto, lavanda.

Oxidação — Deter/impedir a oxidação alimentar ou cosmética:
Benjoim, gengibre.

Paralisias ocasionais:
Lavanda, hortelã, alecrim, *Salvia officinalis*.

Parodontia:
Laranja.

Parto e dores do parto (pp. 78s):
Jasmim, lavanda, *Salvia sclarea*, mirra, *Salvia officinalis*.

Pele:
— *escamação*:
Cravo.
— *pele cansada, envelhecida* (pp. 61, 90, 91, 93):
Mirra, patchuli, vetiver, incenso.
— *erupção*:
Camomila, limão.
— *bronzeamento* (pp. 94s):
Bergamota, cenoura.
— *desodorante* (p. 88):
Arnica, benjoim, bergamota, pinheiro, *Salvia sclarea*, pinus, pau-de-rosas, cipreste.
— *infecções* (pp. 52, 61, 88, 89, 90, 91):
Violeta-azul, cajepute, gerânio, sempre-viva, jasmim, camomila, lavanda, *Salvia sclarea*, poejo, pimenta-negra, pau-de-sândalo, hissopo, cedro, cebola.
— *gordurosa* (pp. 61, 88, 91, 92, 93):
Gerânio, cipreste.

— *calosidades*:
Cravo.
— *comichão* (pp. 52, 89):
Lavanda, menta, hortelã, pau-de-sândalo.
— *nutriente*:
Cenoura.
— *fungos* (pp. 72, 89):
Citronela, mirra, *tea-tree*.
— *tratamento* (pp. 78, 82, 88, 89, 93, 95):
Arnica, basilicão, bergamota, gerânio, sempre-viva, jasmim, camomila, cânfora, cenoura, *Salvia sclarea*, mirra, néroli, laranja, rosa, pau-de-rosas, alecrim, sândalo, zimbro, ylang, cedro, cipreste.
— *limpeza* (p. 88):
Gomenol, menta, hortelã, zimbro, limão.
— *irritação*:
Poejo, açafrão.
— *sensível, delicada* (pp. 88, 90, 92, 93):
Citronela, gerânio, cânfora, cardamomo, erva-cidreira, melissa, orégano, pinus, açafrão, pimenta-negra, verbena, cedro, limão, cebola.
— *seca, sensível* (pp. 61, 88, 90, 91, 92):
Jasmim, pau-de-sândalo.
— *queimaduras*:
Eucalipto, gerânio, sempre-viva, cânfora, lavanda, gomenol.
— *cicatrização* (pp. 66, 72, 86, 95):
Benjoim, bergamota, segurelha, eucalipto, gerânio, camomila, cânfora, lavanda, manjerona, *Salvia sclarea*, mirra, murta,

patchuli, alecrim, *Salvia officinalis*, *tea-tree*, essência de terebintina, tomilho, zimbro, incenso, hissopo.
— *renovação de células* (pp. 54, 55, 86, 88):
Lavanda, néroli, patchuli, rosa, pau-de-sândalo, incenso.

Perda de peso:
Bergamota, funcho, zimbro.

Perturbações do metabolismo:
Cebola.

Perturbações endócrinas:
Cebola.

Pés:
— *fungos dos pés* (p. 72):
Lavanda, mirra, *tea-tree*.
— *transpiração dos pés* (p. 51):
Pinheiro, cipreste.

Piolhos:
Eucalipto, gerânio, lavanda, erva-cidreira, cravo, orégano, alecrim, essência de terebintina, tomilho, canela, limão.

Prisão de ventre:
Violeta-azul, funcho, cominho, manjerona, rosa, *Salvia officinalis*, pimenta-negra, verbena, zimbro.

Próstata — doenças:
Pinheiro, jasmim, cebola.

Pruridos:
— *pele*:
Lavanda, hortelã, camomila-romana, pau-de-sândalo, *tea-tree*, cedro.
— *vaginal* (p. 52):

Bergamota, lavanda, camomila-romana, *tea-tree*.

Pulgas:
Eucalipto, gerânio, lavanda, cravo, alecrim, limão.

Pulmões:
— *infecção*:

Pinheiro, cânfora.

— *ajudam*:

Cajepute, eucalipto, funcho, lavanda, murta, cravo, hortelã, pinus, *Salvia officinalis*, pau-de-sândalo, tomilho, hissopo, cipreste.

Purgativo, ver Prisão de ventre.

Queimaduras (p. 73):
Camomila, murta, lavanda.

Queimaduras do sol (p. 73):
Sempre-viva, cânfora, lavanda, mirra, hortelã, camomila-romana, *tea-tree*.

Queimaduras na pele, ver Pele.

Relaxante (pp. 46, 50, 51, 83, 102):
Bergamota, gerânio, jasmim, lavanda, melissa, néroli, laranja, rosa, ylang, cedro.

Renovação das células, ver Pele.

Resfriados (pp. 43, 45, 50, 51, 57, 58, 83):
Anis, basilicão, benjoim, violeta-azul, cajepute, camaradinha, eucalipto, sempre-viva, gengibre, cânfora, alho, pinheiro (*Pinus mugho furra*), lavanda, erva-cidreira, manjerona, melissa, menta, mirra, gomenol, patchuli, poejo,

hortelã, camomila-romana, alecrim, *Salvia officinalis*, hissopo, cedro, canela, pinheiro (*Pinus cembra*).

Ressaca (pp. 62, 64):
Funcho.

Reumatismo (pp. 50, 53, 56, 59):
Citronela, estragão, eucalipto, pinheiro, gengibre, cânfora, alho, coentro, lavanda, erva-cidreira, manjerona, noz-moscada, orégano, camomila-romana, alecrim, açafrão, pimenta-negra, essência de terebintina, tomilho, tuia, zimbro, limão, cebola, cipreste.

Rins:
— *suporte em geral* (pp. 62, 112):
Eucalipto, *Salvia sclarea*, pau-de-sândalo, zimbro, cedro.
— *inflamação/infecção*:
Eucalipto, camomila-romana, incenso, cedro.
— *pedras renais*:
Funcho, gerânio, zimbro.

Rins — estimulante da região renal (p. 112):
Pinheiro, gerânio, *Salvia officinalis*.

Rouquidão:
Jasmim, mirra, tomilho, limão, cipreste.

Sangue (p. 113):
— *anemia*
Camomila-romana, tomilho, limão.
— *baixa a pressão arterial* (p. 50):
Alho, lavanda, manjerona, melissa, *Salvia sclarea*, néroli, ylang, limão; contra-indicados: alecrim, tomilho.
— *eleva a pressão arterial* (p. 34):

Cânfora, pinheiro, alecrim, *Salvia officinalis*, tomilho, hissopo.
— *hematomas*:
Salsa, *Salvia officinalis*.
— *tosse com sangue*:
Cipreste.
— *purificador do sangue*:
Eucalipto, funcho, alho, rosa, zimbro.
— *redutor de hemorragias internas*:
Rosa, incenso, canela, cipreste.
— *redutor de hemorragias externas, ferimentos* (p. 74):
Eucalipto, gerânio, rosa, limão.
— *redutor do açúcar no sangue*:
Eucalipto, gerânio, ginseng, zimbro, cebola.
— *diminuição do colesterol*:
Alho, alecrim.
— *estimulação da circulação sanguínea* (pp. 53, 86):
Alecrim, *Salvia officinalis*, zimbro.

Sardas (p. 88):
Limão, cebola.

Sarna:
Bergamota, alho, lavanda, cravo, hortelã, alecrim, essência de terebintina, tomilho, canela.

Sífilis:
Salsa, limão.

Sinusite (pp. 57, 59):
Cajepute, eucalipto, pinheiro, alho, lavanda, hortelã, *tea-tree*, tomilho, limão.

Sistema imunológico — fortificante (pp. 55, 113):
Raiz de angélica, cajepute, eucalipto, alho, gomenol, *tea-tree*, tomilho.

Soluços:
Estragão, cominho.

Tifo:
Limão.

Tonificantes (pp. 51, 53):
Basilicão, gerânio, jasmim, cardamomo, coentro, lavanda, manjerona, noz-moscada, *Salvia sclarea*, patchuli, salsa, camomila-romana, rosa, pau-de-sândalo, zimbro, hissopo, canela.

Tonturas (p. 78):
Anis, patchuli, hortelã.

Torceduras (p. 62):
Cânfora, lavanda.

Tosse (pp. 43, 45, 57, 64, 83):
Anis, benjoim, violeta-azul, eucalipto, pinheiro, jasmim, cardamomo, manjerona, mirra, murta, gomenol, poejo, hortelã, alecrim, pau-de-sândalo, pimenta-negra, tomilho, zimbro, incenso, hissopo, canela, pinheiro (*Pinus cembra*), cipreste.

Tóxicos por dosagens muito elevadas:
Noz-moscada, cravo, orégano, *Salvia officinalis*, canela.

Transpiração:
— *reduzir* (p. 51):
Lavanda, *Salvia sclarea*, cipreste.

— *favorecer*:
Cânfora, poejo, hortelã, alecrim, açafrão.

Tuberculose:
Bergamota, eucalipto, cânfora, mirra, orégano, hortelã, pau-de-sândalo, essência de terebintina, hissopo.

Tumores:
Cajepute.

Ulcerações:
— *frio* (p. 70):
Bergamota, camomila, alho, lavanda, *tea-tree*.
— *quente* (p. 70):
Cebola.
— *pele*:
Benjoim, bergamota, eucalipto, gerânio, cânfora, alho, lavanda, *Salvia sclarea*, mirra, murta, zimbro.
— *internas*:
Violeta-azul, gerânio, camomila-romana.
— *boca* (p. 58):
Mirra, poejo, sálvia.

Unhas, infecções na raiz das (p. 95):
Cebola.
— *tratamento das unhas* (p. 95):
Lavanda, pau-de-sândalo, cipreste.

Vagina/vulva, ver Pruridos.

Varizes (pp. 56, 66, 74):
Bergamota, alho, limão, cipreste.

Velhice precoce:
Alho, tomilho, limão, cebola.

Verminose:
Bergamota, segurelha, estragão, eucalipto, cominho, melissa, hortelã, camomila-romana, essência de terebintina, tomilho, zimbro, hissopo, limão, cebola.

Vesícula:
— *estimulante* (p. 113):
Cidra, cenoura, lavanda, rosa, alecrim.
— *inflamações da vesícula*:
Pinheiro, salsa, rosa, alecrim.
— *pedras vesiculares*:
Bergamota, eucalipto, lavanda, poejo, salsa, hortelã, alecrim, essência de terebintina, cebola.

Vias respiratórias:
— *doenças*:
Poejo, pinheiro.
— *infecções* (p. 83):
Bergamota, pinheiro (*Pinus mugho furra*), murta, pinus, cebola.

Vias urinárias:
— *micção muito freqüente*:
Zimbro.
— *estimuladores da micção*:
Anis, funcho, cânfora, alho, lavanda, alecrim, *Salvia officinalis*, zimbro, cebola.
— *cálculos renais*:
Funcho, gerânio, camomila, alho, zimbro, hissopo, limão.
— *diuréticos*:

Arnica, benjoim, funcho, gerânio, cânfora, cardamomo, cominho, lavanda, salsa, camomila-romana, tuia, zimbro, hissopo, cedro, limão, cebola.

— *infecções urinárias*:

Benjoim, bergamota, cajepute, eucalipto, funcho, gerânio, lavanda, murta, salsa, *Salvia officinalis*, tomilho, zimbro, incenso, limão, cebola.

Vírus/infecções:
Bergamota, eucalipto, alho, *tea-tree*, tomilho.

Verrugas (pp. 66, 74, 86):
Alho, lavanda, cravo, hortelã, tuia, limão, cebola.

Vômitos (pp. 63, 78):
Anis, basilicão, cânfora, cardamomo, lavanda, melissa, poejo, hortelã, camomila-romana, rosa, pau-de-sândalo, pimenta-negra, limão.

Sugestões de leitura

Susanne Fischer-Rizzi: *Dufterlebnisse*, Editora Joy, 1987.
Susanne Fischer-Rizzi: *Himmlische Düfte*, Editora Hugendubel, 1989.
Maggie Tisserand: *Die Geheimnisse wohlriechender Essenzen*, Editora Schangrila, 1987.
Robert B. Tisserand: *Aromatherapie*, Editora Hermann Bauer, 1987.
Jean Valnet: *Aromatherapie, Gesundheit und Wohlbefinden durch pflanzliche Essenzen*, Wilhelm Heyne Verlag, Munique, 1986.

HOMEOPATIA: CIÊNCIA E CURA

George Vithoulkas

Homeopatia, a "medicina da energia", é um ramo da ciência médica que se baseia no princípio de que a doença pode ser curada pelo fortalecimento do mecanismo de defesa do corpo, com substâncias selecionadas por suas propriedades energéticas. Na homeopatia é escolhida como remédio uma substância que, em seu estado natural, produziria num corpo sadio os mesmos sintomas encontrados na pessoa enferma que sofre de um mal específico. Mas essa substância é diluída e purificada, ficando reduzida à quintessência de seu estado de energia, de modo a não prejudicar o organismo.

Contrastando com a medicina tradicional em que os sintomas são tratados com drogas tóxicas que enfraquecem o corpo, a medicina homeopática visa mudar os níveis energéticos do corpo que estão na raiz da doença. Instituída no século XIX pelo Dr. Samuel Hahnemann, a prática da homeopatia vem despertando nos últimos anos uma nova onda de interesse, à medida que mais e mais médicos e pacientes esclarecidos descobrem os poderes curativos da energia natural.

Em *Homeopatia: ciência e cura*, George Vithoulkas coloca ao alcance do leitor um texto claro e compreensível, aliando a teoria à prática desse importante ramo da medicina. Escrito em linguagem clara e concisa, com muitas ilustrações, referências e casos estudados, seu livro é uma fonte excelente e indispensável de consulta.

EDITORA CULTRIX

Receituário dos melhores remédios caseiros

Francisco Valdomiro Lorenz

À medida que as condições de vida se deterioram e que se torna mais difícil encontrar assistência médica adequada, auxílios seguros e simples no campo da saúde ganham proeminência.

Este livro vai ao encontro da necessidade, descrevendo mais de 250 remédios caseiros obtidos facilmente de plantas medicinais e outras substâncias. Oferece também sugestões para o tratamento de um vasto número de males e enfermidades que assolam esta civilização.

Escrito há algumas décadas numa linguagem accessível, e tendo permanecido vivo pelo seu grande valor, foi muitas vezes reeditado. Reapresenta-se agora ao leitor totalmente revisto e atualizado.

EDITORA PENSAMENTO

Os Remédios Florais do Dr. Bach

Dr. EDWARD BACH

Problemas de saúde freqüentemente têm suas origens na mente; sentimentos que foram persistentemente reprimidos irão emergir, primeiro, como conflitos mentais e, depois, como doença física.

O Dr. Edward Bach, um médico inglês, depois de atuar como bacteriologista num hospital de Londres e de obter êxito profissional com suas vacinas orais, resolveu morar numa floresta de Gales, na Grã-Bretanha. Desanimado com a medicina ortodoxa, lá descobriu que tinha uma sensibilidade tal que lhe permitia sentir as energias transmitidas pelas flores apenas tocando-as ou colocando na boca as gotas que o orvalho deixava sobre elas. Ao mesmo tempo constatou que, enquanto algumas flores eram capazes de provocar sentimentos negativos, outras tinham a propriedade de anulá-los. Entre 1930 e 1934, o Dr. Bach identificou 38 flores silvestres entre essas últimas e escreveu os fundamentos da sua nova medicina.

De volta à civilização, verificou na prática a eficácia dos medicamentos florais e compreendeu a grande ajuda que poderiam dar à humanidade doente. O Dr. Bach dizia que "o medicamento deve atuar sobre as causas e não sobre os efeitos, corrigindo o desequilíbrio emocional no campo energético". Estes remédios atuam sobre a desarmonia profunda do paciente e, assim fazendo, formam a base para a recuperação dos sintomas físicos.

A terapia das flores age no plano mais sutil da pessoa; seu efeito, reconhecido em 1976 pela Organização Mundial de Saúde, se constitui de grande ajuda à humanidade nestes momentos de transição, auxiliando a harmonização dos corpos (etérico, emocional e mental) e facilitando o livre fluxo das energias superiores através da personalidade.

Neste livro fascinante, o Dr. Bach nos traz explicações sobre sua terapia floral e sobre sua aplicação em cada circunstância, assim como sobre a natureza das enfermidades e a forma de dominá-las, permitindo que o organismo humano descubra o seu caminho até a verdadeira saúde interior.

EDITORA PENSAMENTO

PLANTAS QUE AJUDAM O HOMEM

Guia Prático para a Época Atual

Dr. José Caribé
Dr. José Maria Campos

Obra de autoria de dois médicos que se dedicam à tarefa de ajudar os semelhantes na atual fase de transição planetária. Com esse objetivo, organizaram este precioso guia que leva o leitor a conhecer, amar e utilizar inteligentemente plantas que até agora tiveram uso limitado, mas que podem prestar maiores serviços não só no campo alimentar, como também no campo da saúde.

Diante da situação de emergência em que o mundo está ingressando, e da crescente falta de alimentos e de assistência social e médica que ameaça a sociedade humana, um livro como este é de grande valia; fornece sugestões para os que buscam um modo de viver mais simples, um contato amoroso e fraterno com as dádivas da Natureza.

CULTRIX/PENSAMENTO